Errores frecuentes

en
Dinámica de Sistemas

Juan Martín García

Introducción

Hace algún tiempo un catedrático me pidió la lista de los alumnos de mis cursos en modelos de simulación con Dinámica de Sistemas, sólo en aquella universidad la lista era de dos mil alumnos.

Doy gracias a esas miles de personas y a otras muchas más, que me han permitido hacer la síntesis de los errores más frecuentes que se cometen en el proceso de crear un modelo de simulación aplicando los conceptos de la Dinámica de Sistemas.

Espero que los expertos en modelos de simulación basados en Dinámica de Sistemas disfruten en la lectura de estas páginas, y que los noveles tomen buena nota de los errores que se exponen antes de presentar sus propios modelos de simulación. Quedo abierto a las sugerencias de unos y otros.

Juan Martín García

INDICE

1. Errores en Dinámica de Sistemas

La Dinámica de Sistemas es una metodología útil para comprender y gestionar sistemas complejos. Modelar bucles, niveles y flujos, demoras y relaciones no lineales ayuda a clarificar el comportamiento de los sistemas a lo largo del tiempo. Sin embargo, como cualquier metodología, es crucial su correcta aplicación. Los errores en la conceptualización, construcción, simulación o interpretación pueden llevar a conclusiones equivocadas, cuestionando el valor del modelo.

Evitar los errores más frecuentes en la creación de modelos con Dinámica de Sistemas no es solo un requisito técnico, sino un aspecto fundamental para garantizar que los modelos proporcionen información clara y comprensible. Un enfoque centrado en la precisión, la fiabilidad y la facilidad de uso mejora la credibilidad del modelo y lo que aporta, lo que facilita una mejor toma de decisiones en sistemas complejos. Los capítulos de este libro abordan en detalle cada etapa del proceso de creación de modelos, señalando los errores habituales y ofreciendo consejos para evitarlos.

En este primer capítulo, se muestra el proceso de creación del modelo y se destaca la importancia de identificar y evitar errores para mejorar la precisión, la fiabilidad y la facilidad de uso de los modelos.

1.1. Proceso de creación del modelo

El proceso de creación de un modelo de simulación con Dinámica de Sistemas sigue un proceso pautado, cuyo objetivo es representar el comportamiento real de los sistemas. Conocer y comprender este proceso es crucial para identificar dónde pueden surgir errores.

Las etapas clave son:

1. Definición del problema

Todo modelo de Dinámica de Sistemas comienza con la definición del problema a abordar. Esto implica identificar una pregunta o el comportamiento que requiere explicación, ya sea en los negocios, políticas, ecología u otros ámbitos. Es esencial establecer límites claros para el sistema en estudio y definir indicadores clave de los resultados para medir el éxito de las políticas analizadas.

2. Conceptualización del modelo

En esta fase, se crean el Diagrama Causal (CLD) y el Diagrama de Niveles y Flujos (SFD) para representar la estructura del sistema. Los CLD muestran las interrelaciones entre las variables, mientras que los SFD distinguen entre los niveles (acumulaciones) y los flujos (tasas de cambio). El objetivo es capturar de manera precisa la estructura del sistema.

3. Formulación del modelo

Una vez conceptualizado el sistema, los diagramas se traducen en ecuaciones matemáticas. Estas ecuaciones representan las relaciones entre las variables, como la forma en que los flujos afectan a los niveles, cómo opera la retroalimentación y qué influencias externas pueden impactar el sistema.

4. Simulación del modelo

Con el modelo formulado, se procede a la simulación para analizar cómo se comporta el sistema en diferentes escenarios. Esto implica establecer condiciones iniciales, calibrar parámetros y ejecutar el modelo para observar cómo los cambios en las variables afectan el comportamiento del sistema.

5. Validación y prueba

El modelo se somete a diversas pruebas para validarlo. Esto incluye comparar los resultados de la simulación con datos reales, realizar análisis de sensibilidad, y verificar que la estructura y las hipótesis del modelo sean coherentes.

6. Interpretación y diseño de políticas

El último paso consiste en interpretar los resultados obtenidos y extraer información útil para la toma de decisiones. El objetivo es identificar puntos de apalancamiento o diseñar políticas que mejoren el rendimiento del sistema, gestionen el riesgo o resuelvan el problema planteado inicialmente.

1.2. Identificación y prevención de errores

En cada etapa en el proceso de creación de un modelo es posible cometer errores, y hasta los más pequeños errores pueden tener un impacto grave en la validez del modelo y sus conclusiones. Algunas razones por las que es fundamental identificar y evitar estos errores incluyen:

1. Mayor precisión

Los errores en el diseño del modelo, como ecuaciones incorrectas o relaciones causales mal identificadas, pueden generar resultados inexactos. Evitar estos errores asegura que el modelo represente fielmente el sistema real, lo que incrementa la validez de los conocimientos obtenidos.

2. Mayor fiabilidad

Un modelo fiable produce resultados útiles y repetibles en distintas condiciones. Los errores disminuyen su fiabilidad, especialmente cuando se aplican a diferentes escenarios o cuando pequeños cambios en las entradas generan resultados poco realistas o contradictorios.

3. Mayor facilidad de uso

Un modelo bien diseñado debe ser comprensible y fácil de comunicar, incluso para aquellos que no están familiarizados con la metodología. Evitar errores ayuda a que el modelo sea intuitivo, sus hipótesis claras y sus resultados explicables de manera que puedan ser apreciados con confianza por personas no expertas.

4. Mejor toma de decisiones

En muchos casos, los modelos se utilizan para decisiones políticas o estrategias empresariales. Un modelo con errores puede llevar a decisiones incorrectas basadas en predicciones o interpretaciones erróneas. Al evitar errores, se puede proporcionar información más precisa y útil para quienes toman decisiones.

5. Eficiencia de recursos

Crear y perfeccionar modelos requiere tiempo y recursos. Evitar errores desde el principio ahorra tiempo, esfuerzo y costos. La detección temprana de errores permite un desarrollo y ajuste más eficiente del modelo.

6. Generar credibilidad

Es fundamental crear modelos que sean transparentes, fiables y basados en principios sólidos. Los modelos libres de errores inspiran confianza y ayudan a generar credibilidad ante los usuarios finales.

1.3. Mejorar la fiabilidad y la facilidad de uso

Al centrarse en evitar errores durante la creación de un modelo, se mejora significativamente su calidad. Algunas formas clave de lograrlo son:

1. Relaciones causales precisas

Evitar errores en los diagramas causales garantiza que el modelo refleje con precisión la estructura del mundo real. Esto es esencial para comprender el comportamiento del sistema, incluyendo la identificación de bucles de refuerzo o equilibrio que influyen en las tendencias a largo plazo.

2. Distinción clara entre niveles y flujos

Identificar y distinguir correctamente los niveles y flujos en los SFD evita confusiones sobre cómo se acumulan y modifican las cantidades a lo largo del tiempo. Esto previene interpretaciones erróneas sobre la evolución de recursos o información clave en el sistema.

3. Coherencia dimensional en las ecuaciones

Garantizar que las ecuaciones del modelo sean dimensionalmente consistentes es crucial para realizar simulaciones precisas. Las unidades incorrectas pueden producir resultados sin sentido o irreales.

4. Intervalos de tiempo y parámetros adecuados

Establecer intervalos de tiempo apropiados y seleccionar parámetros razonables mejora tanto la estabilidad como el realismo de las simulaciones. Esto es particularmente importante en sistemas con retrasos, donde intervalos de tiempo demasiado largos pueden distorsionar los resultados.

5. Validación integral y pruebas de sensibilidad

Evitar el error de omitir o realizar de forma inadecuada la validación del modelo permite probarlo exhaustivamente con datos del mundo real, aumentando su fiabilidad. Las pruebas de sensibilidad aseguran que el modelo responda de manera coherente a cambios en los parámetros, mejorando su utilidad para los tomadores de decisiones.

6. Comunicación eficaz de los resultados

Comunicar de manera clara y precisa las hipótesis, resultados y limitaciones del modelo es clave para que los usuarios comprendan y confíen en los resultados. Evitar errores de comunicación asegura que los conocimientos generados por el modelo puedan ser utilizados eficazmente en la toma de decisiones políticas o estratégicas.

2. Diagramas Causales

El término Causal Loop Diagram (CLD), se suele traducir de forma muy poco precisa como Diagrama Causal, perdiendo el importante matiz de que es un tipo de diagrama causal que además tiene bucles.

Es Diagrama Causal es una representación de la realidad muy útil y potente, porque nuestro universo está regido por el Principio de Causalidad, según el cual todo cambio se debe a una o varias causas, que se resume en la famosa frase de Einstein de que él no creía que Dios jugase a los dados.

Un Diagrama Causal se usa para ordenar los conceptos que intervienen en nuestro análisis, y las relaciones que existen entre ellos. Es la base del Stock and Flow Diagram, que se suele traducir por Diagrama de Flujos de forma poco precisa, o como Diagrama de Niveles y Flujos. Los Diagramas Causales también se usan para explicar las conclusiones del trabajo realizado, ya que tienen un formato claro e intuitivo.

Su utilidad se halla en que podemos identificar los bucles que forman los elementos, su signo, y el tipo de comportamiento que generan, estable o inestable. Además los Arquetipos Sistémicos nos permiten avanzar sobre las dinámicas que se pueden generar, y como incentivarlas o combatirlas según nos interese.

Así pues, los Diagramas causales son una herramienta esencial para crear modelos de simulación basados en la Dinámica de Sistemas, para visualizar y comprender los bucles que causan el comportamiento en sistemas complejos. Sin embargo, la creación de diagramas causales precisos y eficaces requiere una atención meticulosa a los detalles. Los errores en su construcción pueden llevar a interpretaciones incorrectas del comportamiento del sistema, disminuyendo la eficacia del modelo.

El diseño de diagramas causales es un paso clave para desarrollar modelos de Dinámica de Sistemas precisos y útiles. Sin embargo, varios errores pueden comprometer la calidad de un diagrama causal, llevando a conclusiones erróneas sobre el comportamiento del sistema. Es importante evitar errores como confundir correlación con causalidad, simplificar excesivamente el modelo, usar nombres de variables inconsistentes, representar incorrectamente los bucles, asignar polaridades incorrectas o ignorar los retrasos. Si se hace correctamente se crean diagramas claros y precisos que reflejen la dinámica de los sistemas reales, lo que facilita una mejor toma de decisiones basada en el modelo.

Este capítulo aborda algunos de los errores más en la creación de diagramas causales y ofrece estrategias para evitarlos.

2.1. No seguir las normas de estilo

- Error: No seguir las normas de estilo que tienen los diagramas causales.

Las normas de estilo de un Diagrama Causal son muy intuitivas: se escriben los nombres de las variables en minúscula, sin abreviaturas innecesarias, y se añaden unas fechas que indican las relaciones de dependencia: desde la variable independiente (causa) parte una flecha a la variable dependiente (consecuencia), limitando las flechas a aquellas relaciones que son directas y relevantes para comprender el sistema analizado.

Por último, se puede añadir el signo de las relaciones, indicando si las variables varían en el mismo sentido, signo positivo, o en sentido opuesto, signo negativo.

El diagrama causal NO incluye:

- Rectángulos, triángulos ni círculos.

- Las mayúsculas se limitan a la primera letra de la variable, aunque en general se omiten.

- No se usan abreviaturas, como GFRT34, para evitar tener que añadir glosarios anexos.

- No se usan colores.

- No se colocan imágenes.

- Ejemplo: El diagrama superior incluye rectángulos y un círculo, que no se deben usar en un Diagrama Causal.

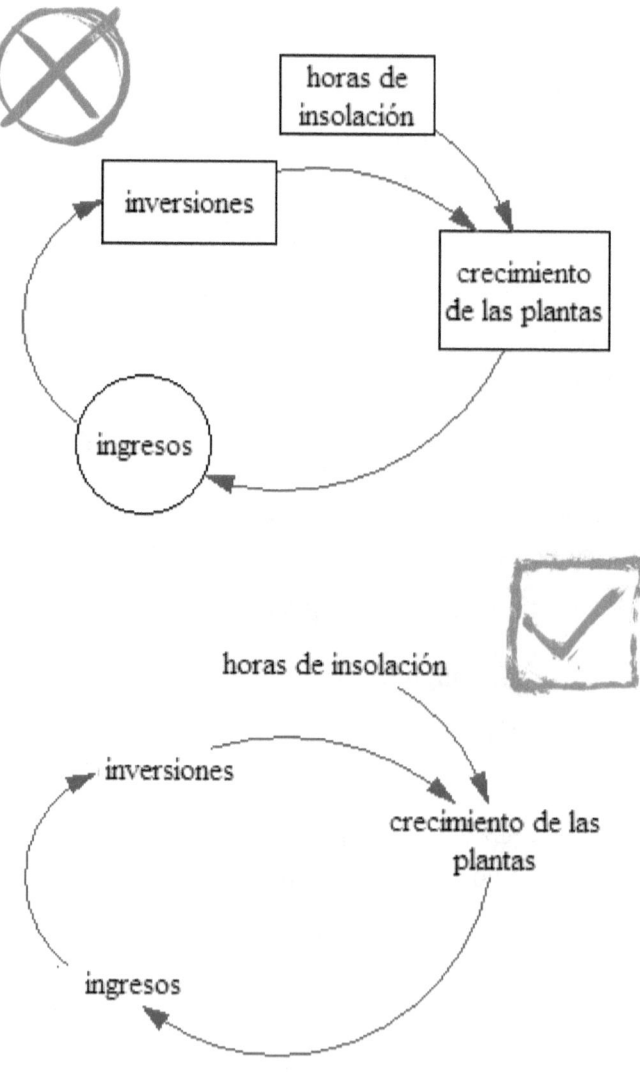

2.2. Confundir correlación con causalidad

- Error: Confundir la concurrencia de eventos con una relación directa de causa-efecto.

Uno de los errores más comunes en la construcción de diagramas causales es suponer que, porque dos eventos ocurren juntos, uno debe causar al otro. La correlación (cuando dos variables se mueven en paralelo) no implica necesariamente causalidad. Las variables pueden estar relacionadas por factores ocultos, influencias externas o incluso por pura coincidencia. Si los creadores del modelo no distinguen adecuadamente entre correlación y causalidad, pueden asignar incorrectamente relaciones causales entre variables, lo que conduce a una representación inexacta de la dinámica del sistema.

- Ejemplo: Supongamos que se observa que, durante períodos de mayor gasto en publicidad, las ventas tienden a aumentar. Sin un análisis más profundo, se podría establecer una flecha causal de "Gasto en publicidad" a "Ventas", ignorando otros factores como fluctuaciones estacionales en la demanda o tendencias del mercado.

- Cómo evitarlo: Buscar si existe una clara causalidad entre las variables. La correlación motiva un análisis detallado, pero no justifica una relación causal. Use el conocimiento del tema, el análisis de datos o consulte a expertos para confirmar las relaciones causales antes de incorporarlas al modelo.

2.3. Complicación excesiva del diagrama

- Error: Agregar variables innecesarias o bucles que dificulten la comprensión del modelo.

Sobrecargar un diagrama con variables o bucles excesivos puede complicar su interpretación y reducir su utilidad. Aunque puede ser tentador intentar capturar todos los matices de un sistema, incluir demasiados detalles puede confundir tanto al creador como a los usuarios del modelo.

Un buen diagrama causal se enfoca en las estructuras centrales del sistema, manteniendo un nivel de complejidad adecuado para ser útil sin perder claridad.

- Ejemplo: Un diagrama diseñado para analizar el crecimiento de la población podría incluir de manera innecesaria variables como "número de parques" o "tiempo promedio de viaje", lo que diluiría el enfoque en las tasas de natalidad, mortalidad y patrones de migración, que son más relevantes para el análisis.

- Cómo evitarlo: Concéntrese en los elementos esenciales del sistema. Analice si cada variable o bucle es necesario para comprender el comportamiento del sistema. Si no es así, considere omitirlo. La simplicidad favorece la claridad, especialmente en las primeras etapas del desarrollo del modelo. Los detalles adicionales se pueden incorporar más adelante si es necesario.

En ocasiones se asiste a presentaciones en las que se muestra un diagrama causal absolutamente ilegible para una persona normal. Además, no se explican con detalle cada una de las variables y relaciones.

Eso se traduce en un total fracaso de la presentación porque las explicaciones no se pueden ir vinculando con el diagrama. En estos casos el diagrama causal más que una ayuda es un obstáculo en el diálogo con el usuario o cliente.

Es importante diferenciar entre el diagrama causal para uso del analista, y el que se usa en una presentación al cliente. El primero debe ser tan detallado e intrincado como sea preciso para luego construir el modelo, cuanto más explícito, mejor. En cambio el diagrama para mostrar al cliente debe ser lo más simple posible, de forma que pueda explicarse en cinco minutos.

No es sencillo simplificar un diagrama, pero puede hacerse:

- Eliminando los elementos constantes.

- Eliminando variables que sólo dependen de una variable, ya que son cálculos intermedios.

- Suprimiendo las relaciones con retraso apreciable.

- Suprimiendo las relaciones ocasionales o poco relevantes en el proceso.

- Ordenado las relaciones causales restantes.

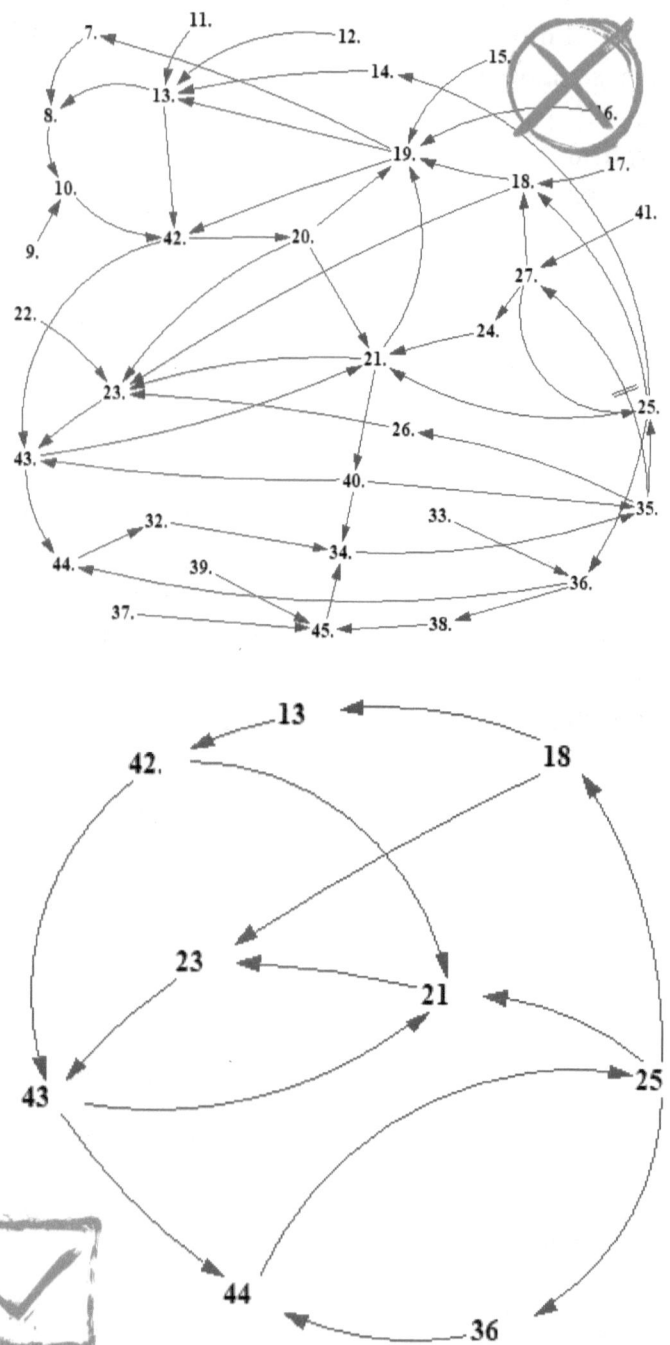

2.4. Nombres de variables ambiguos

- Error: Usar terminología poco clara o inconsistente que confunde a los usuarios o creadores del modelo.

El uso de nombres de variables ambiguos o confusos en los diagramas genera malentendidos sobre lo que representa cada variable. Las variables deben tener nombres claros e intuitivos que reflejen con precisión su significado y comportamiento dentro del sistema.

La denominación inconsistente, donde conceptos similares se etiquetan de manera diferente, dificulta seguir la lógica del diagrama y complica la comunicación del modelo.

- Ejemplo: Si un diagrama incluye las variables "Productividad", "Producción por trabajador" y "Eficiencia", pero todas se refieren al mismo concepto, el usuario tendrá dificultades para entender cómo se relacionan y cómo influyen en el sistema.

- Cómo evitarlo: Adopte una convención de nomenclatura clara y coherente en todo el diagrama. Use nombres específicos y descriptivos para las variables, que reflejen su función en el sistema. Por ejemplo, en lugar de usar solo "Población", es preferible emplear "Población urbana" o "Población rural" si esas distinciones son importantes para el modelo.

Todos tenemos en mente el concepto de sistema, sabemos que una persona, una empresa, un bosque, una ciudad son sistemas. La representación de esos sistemas suele mostrar las partes o elementos que lo componen, en una persona tenemos el corazón, los pulmones, riñones, las piernas, la cabeza, etc. Esa representación de sistema no es útil para hacer un Diagrama Causal primero y un modelo de simulación basado en Dinámica de Sistemas después.

Para dibujar un dibujar un diagrama causal es necesario definir los elementos del sistema de forma que podamos medir o percibir cuando aumentan o disminuyen. En ningún caso podremos usar en un diagrama causal elementos definidos así: deporte, lectura, dormir, ingredientes, clima, agua, o Madrid.

Las variables pueden ser tanto cuantitativas (kilos o litros), como cualitativas (motivación o angustia). En este último caso asignaremos una escala de 0 a 100 para medir su estado y sus variaciones.

La definición de las variables de un diagrama causal sigue una regla básica, debemos poder identificar si la variable aumenta o disminuye. Así, Sol y Tierra no son variables bien definidas para un Diagrama Causal. El diámetro del Sol o la gravedad de la Tierra, si son variables válidas para un diagrama causal.

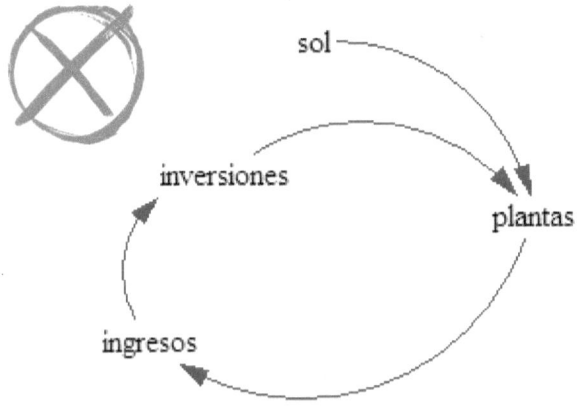

En el diagrama superior las variables sol y plantas se han definido de forma imprecisa.

2.5. Bucles vs. Cadenas causales

- Error: Confundir una larga cadena causal con un bucles. Un bucle es una cadena cerrada de relaciones causales.

Los sistemas reales suelen incluir procesos de realimentación, y un modelo de simulación debe reflejar correctamente esta realidad. Si se omite alguna relación causal importante, el bucle queda incompleto, lo que resulta en una representación parcial del comportamiento del sistema.

En los diagramas incompletos se omiten mecanismos de realimentación críticos, lo que impide una exploración exhaustiva del modelo y puede llevar a conclusiones inexactas.

- Ejemplo: En un diagrama que modela la dinámica de la fuerza laboral, una variable como la "Tasa de contratación" puede influir en el "Tamaño de la fuerza laboral", que a su vez afecta la "Productividad". Sin embargo, si el diagrama no incluye cómo la "Productividad" retroalimenta la "Tasa de contratación" (por ejemplo, a través de las ganancias o la demanda), el bucle está incompleto y se pierde la interacción de realimentación.

- Cómo evitarlo: Asegúrese de que cada posible bucle esté completamente cerrado, mostrando cómo cada variable influye en las demás de manera cíclica. Realice verificaciones visuales para seguir el flujo de cada bucle de principio a fin, asegurándose de que no haya interrupciones en la cadena causal.

Un bucle, también llamado lazo, círculo, feedback, realimentación o realimentación es una cadena cerrada de relaciones causales. Es decir es un conjunto de variables que están relacionadas entre sí formando una cadena cerrada, o sea sin principio ni fin. Una cadena abierta, por muy larga que sea, no es un bucle. Dos elementos ya pueden formar un bucle.

La importancia de los bucles radica en que generan un comportamiento estabilizador del sistema o bien crean inestabilidad. Son los popularmente llamados círculos virtuosos, para denominar los procesos en los que se una mejora de alguna variable del sistema se ve reforzada por la evolución de otras variables, que mejoran aún más la variable citada. De la misma forma podemos imaginar que pueden actuar los bucles perversos, en los que cuando una variable empeora el sistema refuerza ese comportamiento.

Para obtener la evolución que deseamos de un sistema, manipularlo, es conveniente identificar los bucles que existen, el comportamiento que generan, y potenciar aquellos que producen el comportamiento deseado, anulando en lo posible los bucles que actúan en sentido contrario.

Es fácil confundir una larga cadena causal con un bucle, el software Vensim ofrece la prestación de localizar y mostrar todos los bucles de un diagrama.

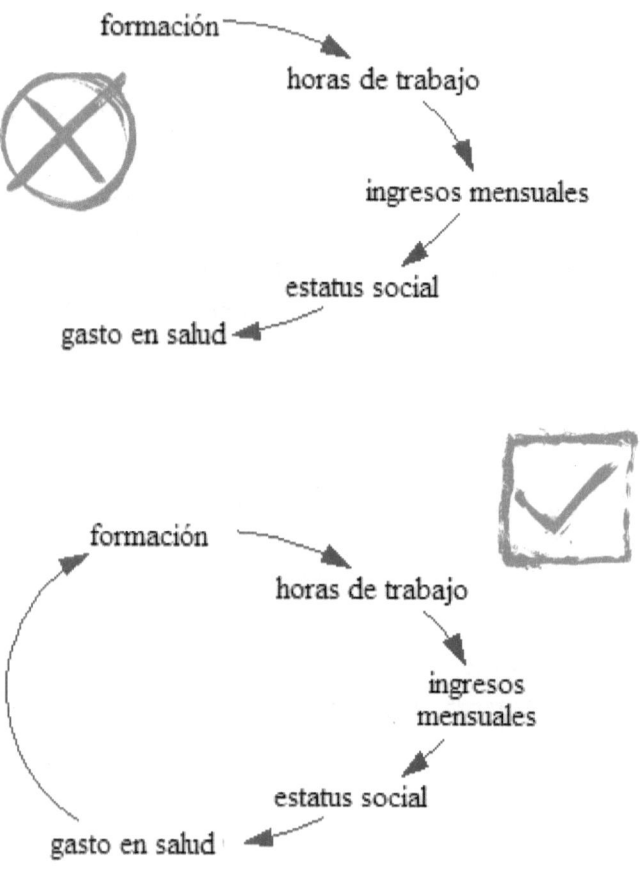

El diagrama superior muestra una cadena de relaciones causales, pero para que exista un bucle, realimentación o feedback debe ser una cadena cerrada de relaciones.

2.6. Asignar polaridades (+ o -) incorrectas

- Error: Asignar un signo equivocado a las relaciones causales y los bucles.

En los diagramas causales, cada relación causal se representa con una polaridad que indica si un cambio en una variable provoca un aumento (+) o una disminución (-) en otra. Asignar incorrectamente estas polaridades conduce a interpretaciones erróneas de los bucles, ya sea como reforzadores (positivos) o equilibradores (negativos).

- Ejemplo: En un sistema donde la "población" aumenta la "demanda de recursos", pero la "demanda de recursos" reduce la "disponibilidad de recursos", asignar una polaridad positiva a la relación entre "demanda de recursos" y "disponibilidad de recursos" sugeriría que ambos aumentan juntos, cuando en realidad deberían tener una relación inversa.

- Cómo evitarlo: Examine cuidadosamente la relación entre las variables antes de asignar una polaridad. Pregúntese: "¿Un aumento en esta variable causa un aumento o una disminución en la siguiente?" Los bucles de refuerzo (con todas las relaciones positivas o un número par de relaciones negativas) tienden a acelerar el cambio, mientras que los bucles de equilibrio (con un número impar de relaciones negativas) estabilizan el sistema. Asegurarse de que las polaridades estén bien asignadas es crucial para reflejar correctamente la dinámica del sistema.

2.7. No incluir los retrasos

- Error: Olvidar incluir los retrasos de tiempo, lo que conduce a un comportamiento poco realista.

En muchos sistemas del mundo real, la respuesta desde causa a efecto no son inmediatas. Ignorar estos retrasos puede resultar en un modelo que responde demasiado rápido o de manera poco realista a los cambios, lo que distorsiona la dinámica real del sistema. Los retrasos de tiempo son esenciales para comprender oscilaciones, respuestas tardías y la inercia de un sistema. Sin ellos, el modelo puede subestimar la complejidad del comportamiento del sistema.

- Ejemplo: En un modelo de gestión de existencias, un aumento en los "pedidos" debido a una "alta demanda" podría no generar una reposición inmediata debido a retrasos en la producción y el envío. Si se omiten estos retrasos, el modelo presentará un comportamiento erróneo sobre cómo varían las existencias, con una reacción instantánea.

- Cómo evitarlo: Al crear bucles, evalúe si la influencia de una variable sobre otra es inmediata o tiene un retraso. Si hay un retraso, represéntelo explícitamente (utilizando una doble barra cruzada en la flecha, según la convención). Esto ayudará a que el modelo refleje con mayor precisión las dinámicas reales del sistema.

2.8. Variable que depende de muchas

- Error: Indicar que una variable depende de otras muchas, lo que hace que sea difícil de analizar las causas de su comportamiento.

Los sistemas complejos están formados por una gran cantidad de variables que son relevantes para analizar su comportamiento, y que por lo tanto no podemos omitir en el diagrama.

Así, es frecuente que una variable dependa de la evolución de otras muchas variables. Esto plantea un problema al intentar analizar la evolución de esa variable (aunque la ecuación sea una simple suma aritmética de todos los componentes) ya que para poder explicar cualquier aumento o disminución deberemos tener presente todos los factores que intervienen. Si no podemos explicar con claridad y rapidez la evolución de una variable, se convierte para el usuario del modelo en una caja negra, no entiende lo que sucede; eso genera desconfianza, y si el usuario no confía en el modelo no aplicará las conclusiones que se deriven del mismo y todo el trabajo habrá sido en vano.

- Cómo evitarlo: La forma correcta de actuar es crear variables intermedias auxiliares, existan o no en el mundo real, que agrupen de alguna forma las variables que intervienen en el cálculo y permitan un seguimiento claro y rápido de la evolución de la variable.

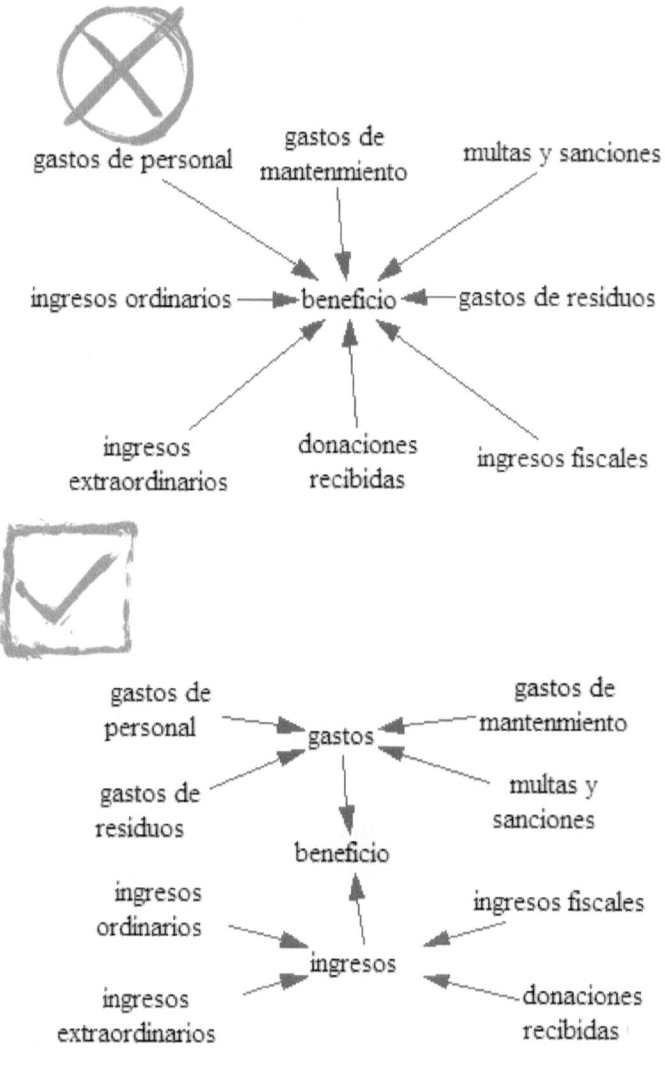

No es posible analizar y explicar con claridad el comportamiento de una variable, como "beneficio", que depende de un gran número de otras variables, la solución es añadir variables intermedias.

2.9. Variables en sentido negativo

- Error: Definir algunas variables en sentido negativo, de carencia o peyorativo.

En un lenguaje coloquial unas palabras tienen un sentido positivo o afirmativo de una realidad, como empleo, acelerar, motivación, heredar, etc. mientras que otras palabras describen una situación de carencia de algo, como incauto, desempleo, desacelerar, desmotivación, etc. Las usamos en un sentido o en otro en función del sujeto de la frase y del énfasis que deseamos transmitir al lector.

Así por ejemplo en un estudio sobre los efectos del desempleo sobre la salud por tramos de edad de los sujetos, hablaremos siempre del concepto desempleo, su duración, sus coberturas, etc. sin usar la expresión afirmativa de empleo, porque el colectivo de empleados quedan fuera del análisis.

En un diagrama es conveniente, seguir el mismo criterio, centrar la definición de las variables en el concepto de análisis. Usando por ejemplo empleo o desempleo según facilite más la comprensión del diagrama.

En caso de duda es conveniente usar la forma positiva, ya que estamos más habituados a pensar en positivo que en negativo, así comprendemos mejor la frase "a más impuestos, más igualdad social" que "a menos impuestos más desigualdad social".

a más <u>incivismo</u>, más basura

a más <u>incautos</u>, más robos

a <u>menos pedidos</u>, menos entregas

a más <u>desorden,</u> más tiempo de búsqueda

a <u>menos impuestos</u>, más desigualdad social

a más <u>desinfección</u>, menos enfermedades

a menos <u>impagados</u>, menos pérdidas

vs.

a más <u>orden,</u> menos tiempo de búsqueda

a <u>más impuestos</u>, más igualdad social

a <u>más pedidos</u>, más entregas

a más <u>limpieza</u>, menos enfermedades

a más <u>precavidos</u>, menos robos

a más facturas <u>cobradas</u>, más beneficios

a más <u>civismo</u>, menos basura

Las relaciones asertivas (a más...) con variables definidas en sentido positivo (limpieza, civismo, orden,...) son más fáciles de comprender.

2.10. Variables que no influyen en otras

- Error: Incluir en el modelo variables que dependen de otras, pero que no influyen en ninguna variable del modelo.

La definición más básica de sistema dice que es "un conjunto de elementos relacionados entre sí". Algunos elementos no dependen de ningún otro (en el horizonte de simulación estudiado), y reciben el nombre de "constantes", por ejemplo el número de minutos de una hora, la distancia entre Madrid y Sevilla, la tasa del IVA de un producto, etc.

La mayor parte de los elementos no son constantes sino que dependen de otros elementos, y esa relación tiene un determinado sigo en un Diagrama Causal y se puede concretar en la ecuación cuando se hace un modelo de simulación.

No puede haber elementos del sistema que no incluyan en ningún otro elemento, si un diagrama muestra alguno de estos elementos podemos prescindir de él para analizar el sistema, su comportamiento y las formas de modificarlo, que son los objetivos de construir un diagrama.

En un modelo de simulación, no en un Diagrama Causal, pueden existir este tipo de variables, sin influencia aparente en otros elementos del sistema, son los llamados "indicadores". Ofrecen información del sistema, y permiten valorar la efectividad de las propuestas analizadas en el modelo.
Estas variables, como los indicadores son

aceptables en un modelo de simulación, no en un Diagrama Causal.

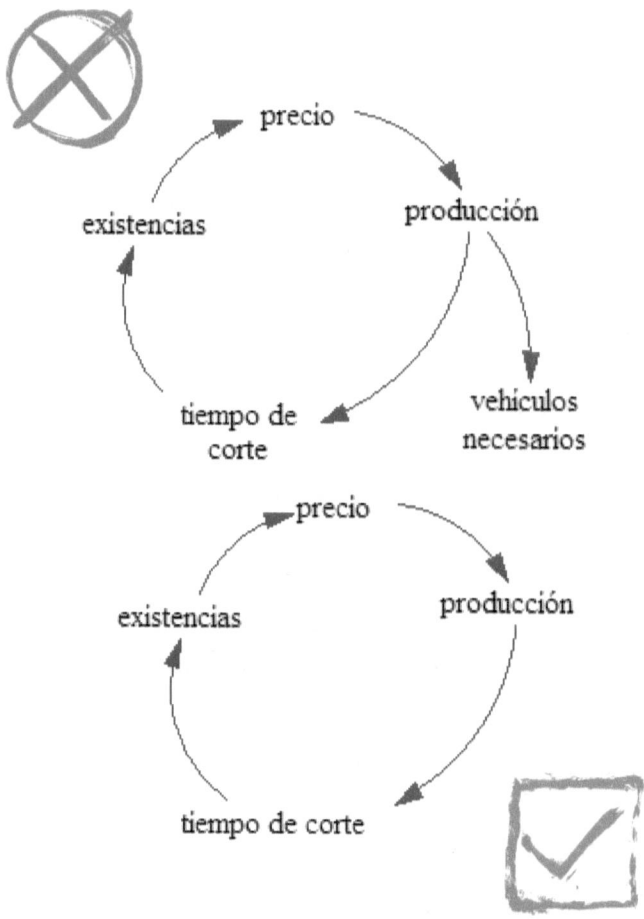

En un Diagrama Causal no tiene sentido incluir variables que no influyen en ninguna otra. Salvo raras excepciones, son un indicativo de que el diagrama está incompleto.

2.11. Variables con signos

- Error: Incluir en el nombre de algunas variables un sentido positivo o negativo de las mismas, como "aumento de…" o "disminución de…"

Las relaciones causales actúan tanto cuando la variable independiente (causa) aumenta como cuando disminuye. Así, si un incremento de "precios" provoca una disminución de "pedidos", también será cierto en sentido opuesto, una disminución de "precios" provocará un aumento de "pedidos". Un modelo de simulación permite matizar esta relación estableciendo límites y condiciones a esta variación.

La definición de la variable no debe incorporar el sentido de la variación, aumento o disminución, ya que en unos casos se producirá en un sentido y en otros en sentido contrario. Tampoco debe añadir ningún signo de más o menos, que ya consta en la flecha que une a las variables.

Añadir ese aspecto a la definición de la variable además de ser irrelevante, puede ser confuso cuando una variable depende de varias, duplica el signo de la flecha si es una dependencia unívoca, y en cualquier situación complica al usuario la lectura el diagrama.

En un Diagrama Causal las relaciones tienen signo, positivo o negativo, pero no es correcto colocar ese signo en el nombre de las variables, ni indicaciones como más o menos.

3. Diagramas de niveles y flujos

Jay Forrester diseñó un modelo en el que los elementos que representan acumulaciones se representan con un rectángulo, y los elementos que indican las variaciones de esas acumulaciones se indican con grifos en tuberías y de entrada o salida al rectángulo. El resto de elementos se representan con su nombre y las relaciones entre ellos con flechas. Este diagrama recibe el nombre de Diagrama de Niveles y Flujos, nombre que se presta a confusión; en inglés se denomina Stock and Flow Diagram (SFD).

La simbología del Diagrama de Niveles y Flujos es utilizada por todas las marcas de software (Vensim, ithink, Powersim, etc.) que facilitan la creación de modelos de simulación basados en Dinámica de Sistemas.

La utilidad de este diagrama está en que facilita escribir las ecuaciones del modelo de forma ordenada, ahorrando tiempo y evitando confusiones.

Cabe decir que el software de simulación simplemente ejecuta las ecuaciones, no emplea en sus cálculos el diagrama propiamente dicho, por ello una persona con conocimientos de programación puede crear un modelo de simulación basado en Dinámica de Sistemas y simularlo, escribiendo directamente las ecuaciones sin necesidad de un Diagrama de Niveles y Flujos, cosa que puede sorprender a algunos.

Un diagrama de niveles y flujos muestra cómo se acumulan las cantidades (niveles) y cómo cambian con el tiempo (flujos).

Estos diagramas, bien diseñados, ofrecen una comprensión clara del comportamiento del sistema, pero los errores en su elaboración pueden distorsionar la lógica del modelo y condicionar sus conclusiones.

La correcta construcción de estos diagramas es crucial para comprender cómo evolucionan los sistemas a lo largo del tiempo. Errores, como confundir niveles y flujos, asignar direcciones de flujo incorrectas, la inconsistencia de unidades o la omisión de variables del entorno, pueden afectar la fiabilidad del modelo.

Al garantizar conexiones precisas, definir claramente los límites del sistema y comprobar la consistencia de las unidades y las estructuras de retroalimentación, se pueden evitar estos problemas y crear modelos que reflejen con mayor fidelidad la dinámica del mundo real que pretenden representar. Estas buenas prácticas son esenciales para elaborar modelos creíbles que puedan respaldar una toma de decisiones eficaz.

Este capítulo explora algunos de los errores más comunes en la creación de SFD y ofrece orientación sobre cómo evitarlos.

3.1. No seguir las norma de estilo

Un Diagrama de Niveles y Flujos es una herramienta para uso de la persona que construye el modelo de simulación, no es un diagrama que de deba mostrar al cliente o usuario. Repito: no es un diagrama para mostrar al usuario. El motivo de esta opinión es que el diagrama de niveles y flujos añade una simbología que no es tan intuitiva como el Diagrama Causal, y que para explicarla requiere pedir al usuario una atención que debemos centrar en el contenido, no en la forma.

A pesar de que no se haga público el Diagrama de Niveles y Flujos, excepto para publicaciones en congresos de esta temática, es conveniente seguir una sencilla norma de estilo: cuanto más sencillo sea el diagrama, mejor. Por ello es conveniente no usar colores, líneas de diferentes grosores, imágenes, comentarios, etc. si no son de una clara utilidad.

En un diagrama sólo deben haber los rectángulos que muestran los niveles, olvide el lector cualquier otro símbolo: rectángulos para otras variables que no son niveles, círculos, hexágonos, triángulos, etc. porque son accesorios superfluos que en general añaden una complejidad que no se justifica por otros motivos.

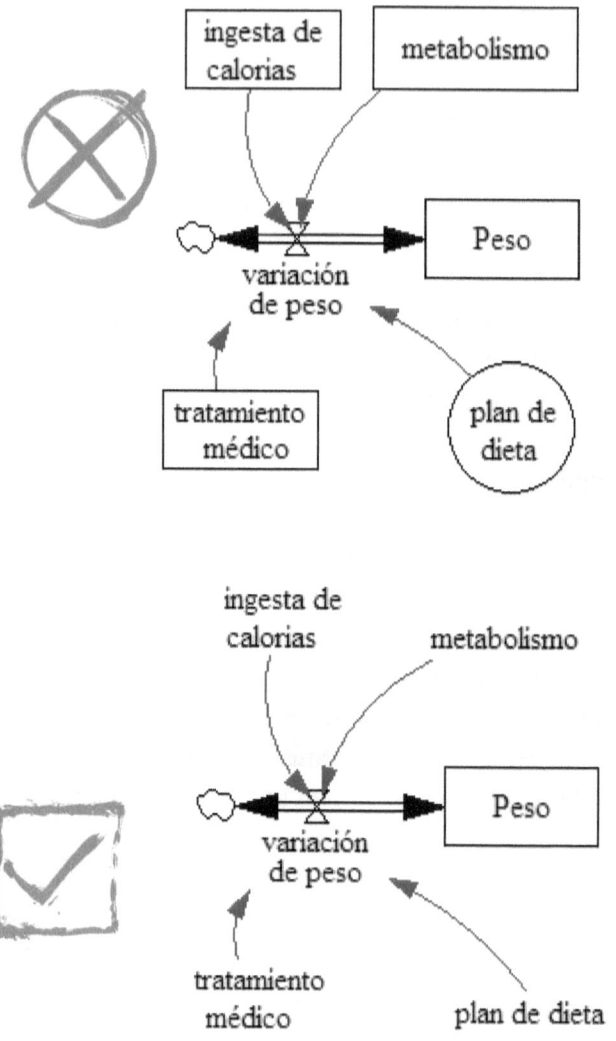

En un Diagrama de Niveles y Flujos sólo deben haber los rectángulos que muestran los niveles, omita cualquier otro símbolo.

3.2. Tipo de variable incorrecto

- Error: Identificar erróneamente lo que es un nivel (acumulación) frente a un flujo (tasa de cambio), o bien un flujo con una variable auxiliar.

Es frecuente para las personas que comienzan a construir modelos basados en Dinámica de Sistemas confundir los flujos con ratios o porcentajes. Los flujos siempre tienen unidades temporales, (año, día, mes, etc.), aunque hay elementos con unidades temporales que no son flujos.

El motivo de que tengan unidades temporales es que los flujos están siempre vinculados a niveles, ya que indican a qué velocidad varía el nivel.

Otro de los errores comunes en la construcción de diagramas de niveles y flujos (SFD) es no distinguir adecuadamente entre niveles y flujos. Un nivel es una cantidad que se acumula con el tiempo (por ejemplo, población o inventario), mientras que un flujo representa la tasa a la que algo entra o sale de un nivel (por ejemplo, tasa de natalidad o ventas). Confundir estos dos conceptos puede generar una estructura de modelo defectuosa y una dinámica errónea.

- Ejemplo: En un modelo de dinámica poblacional, la "Natalidad" es un flujo (tasa de cambio), mientras que la "Población" es un nivel (acumulado de nacimientos y muertes). Si se clasifica incorrectamente la

"Natalidad" como un nivel, el modelo presentaría una lógica incorrecta, ya que esta no es una acumulación sino un cambio medido por unidad de tiempo.

- Cómo evitarlo: Diferencie claramente entre las variables que se acumulan con el tiempo (niveles) y aquellas que describen los cambios (flujos). Una regla general útil es preguntarse: "¿Se puede medir esta variable en cualquier momento (nivel) o se necesita un intervalo de tiempo para su medición (flujo)?"

Ejemplos de variables auxiliares
Que nunca son Flujos

- personas / m2
- litros / persona
- bacterias / ml
- pedidos /cliente

Ejemplos de flujos

- personas / hora
- litros / minuto
- m3 / año
- clientes / año

3.3. Dirección de flujo incorrecta

- Error: Dibujar flujos en dirección opuesta a los movimientos previstos de material o información.

Los flujos en un diagrama de niveles y flujos representan el movimiento de material, energía o información entre niveles o a una nube. Un error común es dibujar flujos en la dirección incorrecta, lo que genera confusión sobre cómo funciona el sistema. Si un flujo está mal dirigido, no mostrará bien las transferencias ni la dinámica del sistema.

- Ejemplo: En un modelo de gestión del agua, el flujo desde "agua en el embalse" a "agua en la ciudad" debe representar el agua que utiliza la ciudad. Si, por error, el flujo se dibuja desde la "agua en la ciudad" hacia el "agua en el embalse", implicaría incorrectamente que la ciudad está reponiendo el embalse, distorsionando la lógica del modelo.

- Cómo evitarlo: Verifique siempre que la dirección de los flujos coincida con el movimiento previsto de material o información. Los flujos deben entrar o salir de un nivel, representando cómo se acumulan o se agotan los recursos.

Cuando sea necesario, se pueden dibujar flujos en ambas direcciones para indicar que el movimiento puede ser entrante o saliente, pero los flujos deben reflejar con precisión la dinámica real del sistema.

3.4. Incoherencia de unidades

- Error: No hacer que las unidades sean coherentes en todo el modelo, especialmente entre niveles y flujos.

La coherencia en las unidades es crucial para un modelo de Dinámica de Sistemas. Los niveles representan cantidades acumuladas (como "litros de agua" o "personas") y los flujos representan tasas de cambio (como "litros por día" o "nacimientos por año"). Si las unidades entre niveles y flujos no son coherentes, es señal de alerta porque el modelo puede producir resultados poco realistas o sin sentido.

- Ejemplo: Si un nivel se mide en "personas" y su flujo de entrada es "nacimientos por año", las unidades son coherentes. Sin embargo, si el flujo de entrada se mide incorrectamente en "nacimientos por mes" sin convertirlo a una tasa anual, esta discrepancia de unidades llevará a errores en el comportamiento del modelo.

- Cómo evitarlo: Como primer paso verifique que las unidades de los flujos sean siempre coherentes con las de los niveles, y el resto de variables también sean coherentes entre sí. Si un nivel se mide en "euros", los flujos deben medirse en "euros por año" o "euros por mes", dependiendo de la escala temporal del modelo. Al mantener la coherencia en las unidades, garantizamos que el modelo no tiene errores de coherencia en los valores utilizados.

Por definición los elementos de un flujo son los mismos que se acumulan en el nivel. Si un flujo son personas/hora, en los niveles que tiene asociados habrá personas, no puede haber otra opción. Si un flujo son m2/día, su acumulación serán m2.

Es un error asignar unidades diferentes a un flujo de las que tiene el nivel de donde sale, o el nivel al que entra. Esto no es coherente ni es lógicamente posible. El caso más extremo es aquel en el que un flujo conecta dos niveles con unidades diferentes.

Si usamos el software para verificar la coherencia de las unidades sin duda aparecerá un aviso de que existe una anomalía en ese flujo. No obstante si no solicitamos esta verificación el modelo se ejecutará, pudiendo dar lugar a interpretaciones totalmente incorrectas.

En la figura siguiente, el diagrama superior muestra la fantástica mutación de mosquitos en personas, ya que un flujo toma mosquitos de un nivel y entran transformados en personas en otro nivel. El diagrama inferior es correcto.

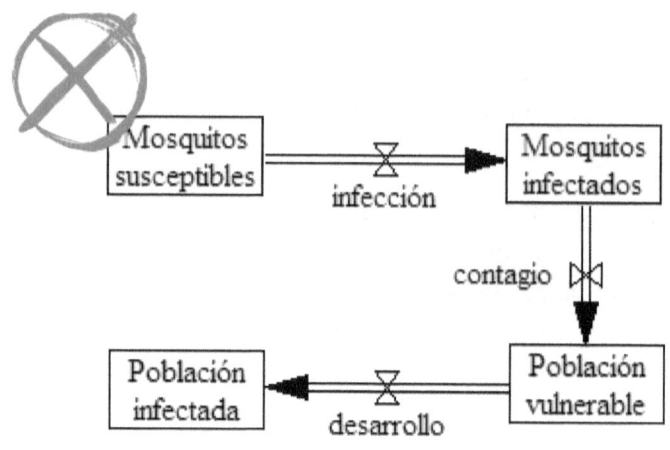

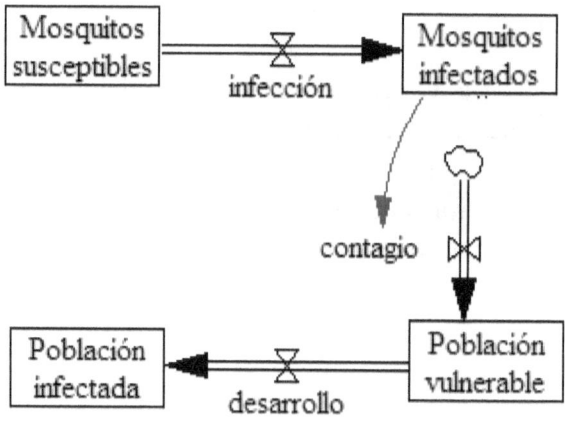

3.5. No conectar flujos con niveles

- Error: Olvidar conectar todos los flujos con los niveles correspondientes.

En un modelo de Dinámica de Sistemas, los flujos de entrada y salida deben estar conectados a los niveles que reflejan la acumulación o el agotamiento de cantidades a lo largo del tiempo. Si algún flujo queda sin conexión, el modelo no puede simular adecuadamente cómo varían los niveles, generando incoherencias en la representación del sistema.

- Ejemplo: En un modelo de gestión de recursos ambientales, el flujo de entrada "Crecimiento de las plantas" debería estar vinculado a un nivel como "Biomasa forestal". Si este flujo no se conecta, el crecimiento no impactará la biomasa del bosque, lo que distorsionará la lógica y continuidad del modelo.

- Cómo evitarlo: Asegúrese de que cada flujo de entrada se agregue a un nivel y cada flujo de salida se reste de uno. Inspeccione visualmente su diagrama para confirmar que todos los flujos estén correctamente conectados a los niveles correspondientes, es decir que no van de una nube a otra nube, garantizando una representación lógica y completa del sistema.

Si un elemento del sistema tiene unidades temporales pero no está asociado a ningún nivel que actúe como acumulador de los valores del flujo, ese elemento se define como variable auxiliar, no tiene sentido dibujar un flujo que parte de una nube y acaba en una nube.

De la misma forma si un elemento es una acumulación pero sabemos que no variará en el horizonte de la simulación, es más lógico y práctico que en vez de definirlo como nivel, indicando su valor inicial y dibujado con un rectángulo, considerarlo como una constante.

Estas sencillas reglas complementan las definiciones de nivel y flujo, y permiten crear diagramas más simples que aplicando ciegamente la clasificación de variables en niveles y flujos.

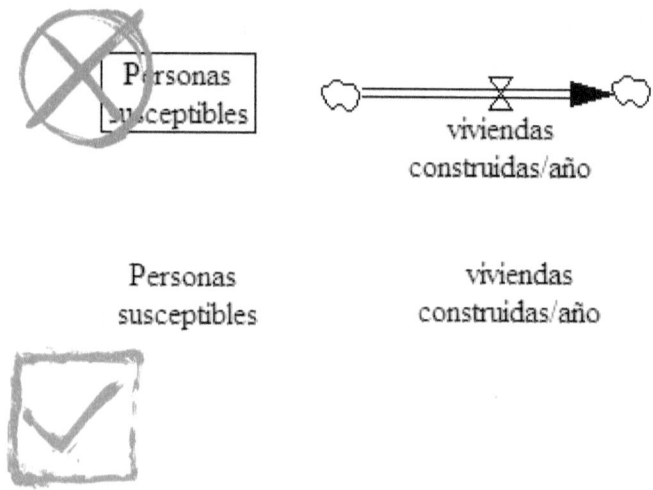

Un nivel sin flujos debe definirse como una constante, ya que no tendrá variación. Un flujo sin niveles debe definirse como variable auxiliar.

3.6. Flujos mal conectados

- Error: Dibujar un flujo que parte de una nube y no acaba en un nivel, sino en otra nube.

Merece un punto específico y un puesto de honor en esta lista de errores la costumbre muy extendida de intentar dibujar un flujo que empieza en una nube y acaba justo en el borde del rectángulo del nivel.

Si no se acierta en la puntería, se provoca que el software dibuje el flujo que acaba en una nube, de forma que para el software ese flujo no tiene ninguna relación con el nivel, y cuando se intenta escribir la ecuación del nivel no permite añadir el flujo, ya que el software intenta mantener la coherencia con el dibujo del diagrama.

Este error es explicable y se produce sólo las primeras veces que una persona hace un modelo de simulación, y no tiene mayores consecuencias si alguien le explica que este es el motivo por el que no puede escribir bien la ecuación del nivel. Si un novel en estos temas no tiene a nadie que se lo explique puede desesperarse buscando la causa del problema y perder horas y toda su paciencia.

- Cómo evitarlo: La solución es bien sencilla, cuando se dibuja un flujo que entra en un nivel se debe pulsar sobre el CENTRO del rectángulo, no intentar acertar a que el flujo finalice en uno de los bordes del rectángulo.

Lo comentado es también de aplicación para los flujos de salida de un nivel.

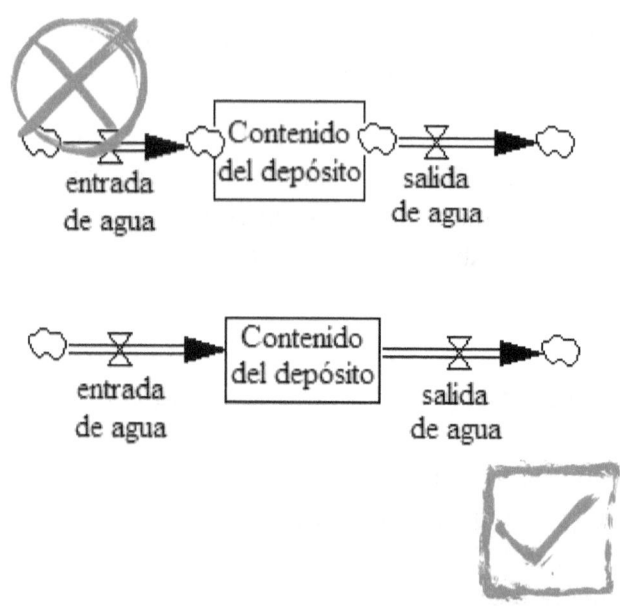

Este error tiene mala solución: hay que borrar el flujo y volverlo a dibujar.

En ocasiones, si se vuelve a dibujar el flujo con el mismo nombre exacto, el software se confunde y duplica el nombre de la variable (lo que se puede apreciar si listamos las ecuaciones con el icono Document All), y puede crear problemas en la simulación. Para evitar este problema hay que asignar un nombre ligeramente diferente al nuevo flujo.

3.7. Niveles que dependen de auxiliares

- Error: Dibujar una flecha que parte de un nivel, flujo o variable auxiliar y acaba en un nivel.

Excepto para definir el valor inicial de un nivel, los niveles no dependen nunca de variables auxiliares, niveles, o de flujos de otros niveles.

La explicación física puede ser la más clara, si imaginamos un nivel como una habitación, la cantidad de personas que hay en la habitación es el resultado de las personas que habían dentro de la habitación al inicio del estudio más las que han entrado por la puerta, que es el flujo de entrada, menos las que han salido por la puerta, que es el flujo de salida. Ningún otro factor, variable auxiliar, como la temperatura, la edad media, los ingresos de esas personas, o la superficie de la habitación influye en la cantidad de personas que hay en la habitación.

Algunos de los factores citados pueden influir en los flujos de entrada o salida del nivel, pero no directamente en el nivel. Así el nivel de ingresos puede hacer que más personas entren en la habitación, por lo tanto afecta al flujo de entrada, y de forma indirecta a la cantidad de personas en la habitación, que es el nivel.

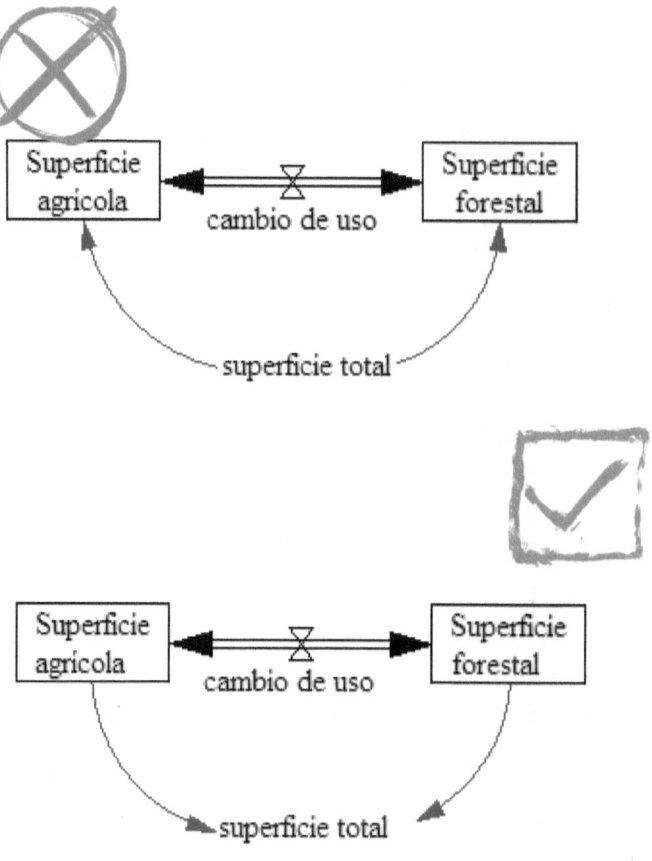

El diagrama superior muestra una estructura incorrecta, en la que los niveles dependen de una variable auxiliar, cuando un nivel solo puede depender de los flujos que tiene de entrada y salida. El segundo diagrama es correcto.

3.8. Variables duplicadas

- Error: Dibujar una misma variable dos veces en el modelo.

Un elemento o variable del sistema, sea el que sea, debe estar representado una sola vez en el diagrama. No seguir esta sencilla regla puede deberse a una definición confusa o incorrecta del elemento.

Es posible colocar duplicados de un elemento para lograr una mayor simplicidad del diagrama, pero indicando con claridad que lo son.

En el diagrama de niveles y flujos podemos usar las variables duplicadas o sombra (shadow variables), que no se prestan a ninguna confusión ya que su aspecto es algo diferente, estas variables permiten incluso vincular variables situadas en diferentes páginas del modelo.

El software suele evitar que se cometa el error de duplicar una variable, ya que si al añadir una nueva variable detecta que ya existe otra con ese mismo nombre impide generar la nueva variable, pero existe el riesgo de que se asigne un nombre ligeramente diferente a ese mismo elemento, en cuyo caso el software no lo detecta.

Suele ser un error en las fases iniciales del modelo de simulación, que se detecta al analizar los primeros resultados.

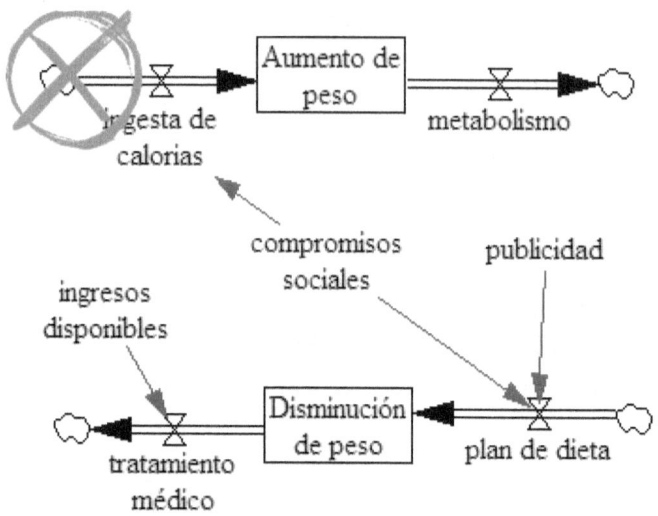

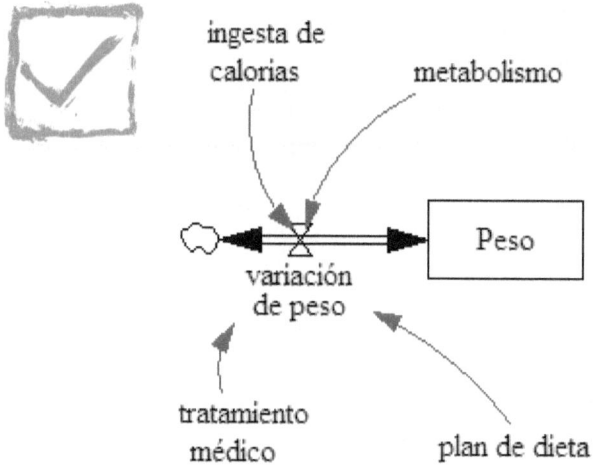

La variable "peso" se halla duplicada en el diagrama superior. Aumento y disminución de peso se pueden resumir en un flujo de "variación" del elemento "peso".

3.9. Ignorar los valores límite del sistema

- Error: Ignorar los límites reales del sistema al no definir los límites (valores máximos o mínimos) físicos de las variables o los factores externos.

Las condiciones del entorno establecen los límites de algunas variables del sistema que se está modelando. Ignorar estos límites conduce a sistemas en los que todas las variables pueden crecer indefinidamente, lo que da como resultado un comportamiento poco realista.

Sin límites, el modelo puede no representar las restricciones del mundo real, como los tamaños máximos de población o las limitaciones de recursos.

- Ejemplo: En un modelo de crecimiento de la población, si no se incluye un límite para la "Capacidad máxima de población", el modelo podría mostrar un crecimiento ilimitado de la población, ignorando los límites del mundo real, como la disponibilidad de recursos o el espacio.

- Cómo evitarlo: Defina explícitamente los límites del sistema, incorporando factores externos como la capacidad máxima de recursos o limitaciones ambientales. Esto asegura que el modelo refleje adecuadamente las restricciones del mundo real, haciendo que sus resultados sean más realistas y útiles.

3.10. Flechas con signos

- Error: Colocar signos (+ o -) en un Diagrama de Niveles y Flujos.

En un Diagrama Causal se asigna un signo a cada flecha que representa una relación causal, ese signo es positivo si el elemento dependiente varía en la misma dirección que el elemento independiente, por ejemplo si la calidad aumenta provoca que las ventas también aumenten. El signo es negativo si esa variación es inversa, por ejemplo si el precio aumenta las ventas disminuyen.

Los signos positivo y negativo de las relaciones permiten identificar el signo de los bucles del sistema, y en base al signo de los bucles podemos identificar donde se generan comportamientos inestables, en los bucles positivos, y en qué partes del sistema se genera estabilidad porque existe un bucle negativo. Esto nos permite obtener interesantes y prácticas conclusiones.

En el diagrama de niveles y flujos, aunque el software nos permita asignar signos a las flechas, éstos no tienen sentido y no deben añadirse.

El análisis de los bucles se hace en los diagramas causales, en el diagrama de niveles y flujos no tiene sentido volver a representar los bucles y colocar signos en las relaciones, ya que además los flujos de salida inducen a confusión al representarse en apariencia como una dependencia del nivel al flujo.

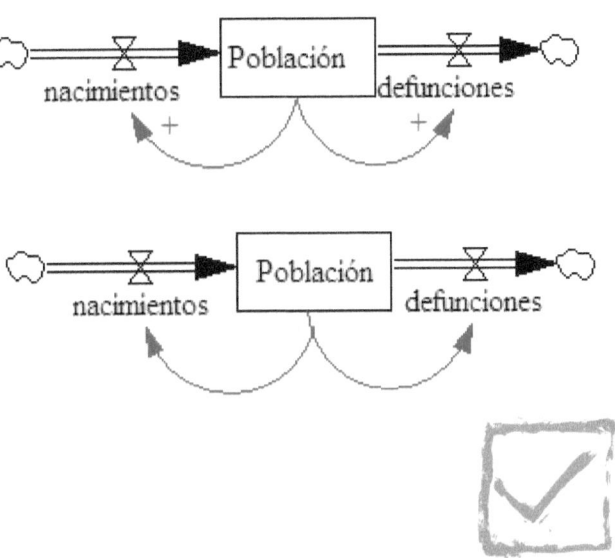

En el diagrama causal el bucle nacimientos - Población tiene signo positivo, mientras que el de Población - defunciones tiene signo negativo, en el diagrama de niveles y flujos el bucle negativo es confuso ya que en ningún lugar aparece una relación de signo negativo. Los signos se utilizan en el diagrama causal, no en el de niveles y flujos.

3.11. Usar mayúsculas para todo

- Error: Usar mayúsculas en los nombres de todas las variables, lo que dificulta la lectura del diagrama.

UN DIAGRAMA ESTÁ PENSADO PARA QUE ALGUIEN LO LEA; ES LABOR DE QUIEN LO DISEÑA FACILITAR AL LECTOR LA COMPRENSIÓN. TAL VEZ EL MAYOR TAMAÑO DE LETRA FACILITA VER MEJOR EL TEXTO Y SU LECTURA, PERO ES UN ERROR PENSAR QUE LAS MAYÚSCULAS SE LEEN MEJOR QUE LAS MINÚSCULAS. LA COMBINACIÓN DE AMBAS FACILITA MUCHO AL LECTOR LA COMPRENSIÓN DEL DIAGRAMA, QUE ES EL OBJETIVO.

LLENAR EL DIAGRAMA DEL MODELO DE MAYÚSCULAS, NO ES UN PROBLEMA DE ESTILO, ES UN ERROR QUE COMPLICA LA LECTURA Y POR LO TANTO SU RÁPIDA COMPRENSIÓN.

ES FÁCIL OBSERVAR LA DIFICULTAD Y FATIGA VISUAL QUE OFRECE UNA PAGINA ESCRITA TODA CON MAYÚSCULAS, COMO ESTA MISMA. ASI PUES ALGUIEN DEBE DECIR QUE NO POR USAR MAYUSCULAS EL TEXTO ES MAS LEGIBLE, SINO QUE SUCEDE JUSTO LO CONTRARIO. EXCEPTO EN EL CASO DE QUERER ESCRIBIR UN TEXTO ANONIMO CON LETRAS RECORTADAS, ES UN ERROR USAR LAS MAYUSCULAS EN UN TEXTO EXTENSO O EN UN DIAGRAMA DE NIVELES Y FLUJOS.

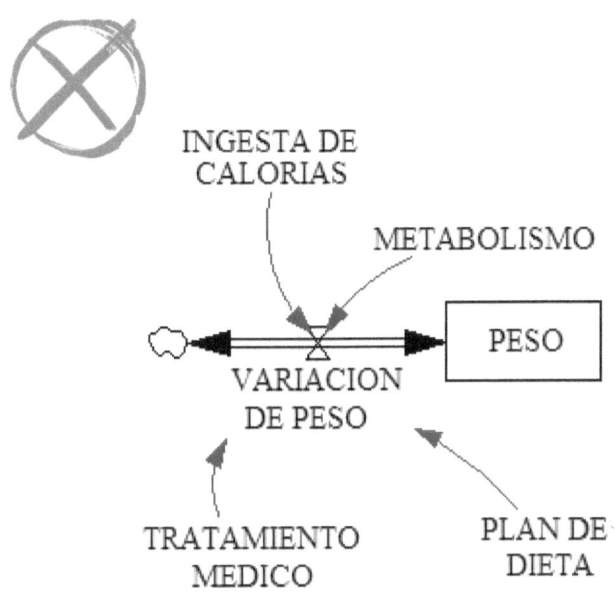

INGESTA DE CALORIAS

METABOLISMO

PESO

VARIACION DE PESO

TRATAMIENTO MEDICO

PLAN DE DIETA

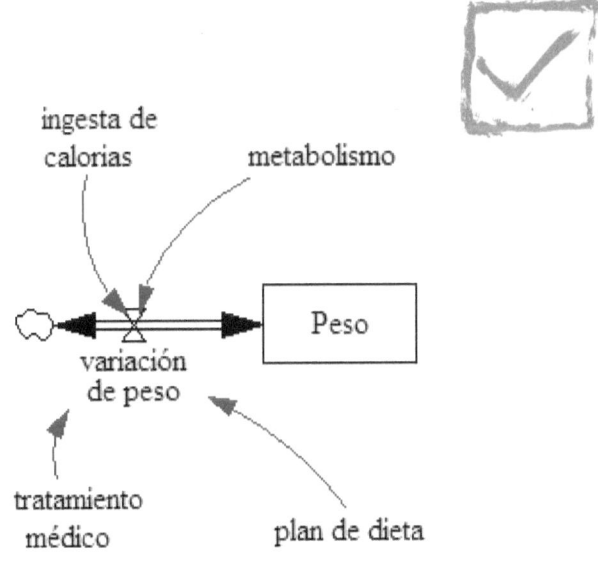

ingesta de calorias

metabolismo

Peso

variación de peso

tratamiento médico

plan de dieta

3.12. Nubes que dependen de variables

- Error: Dibujar flechas de entrada o salida de las nubles, lo que es incorrecto, ya que por definición las nubes son acumulaciones de valor infinito.

Por increíble que pueda parecer al conocedor experto de los modelos de simulación basados en Dinámica de Sistemas, hay diagramas de niveles y flujos en los que aparece una nube que depende de una variable auxiliar. Esto más que un error del alumno es un fracaso del profesor, que observa atónito semejante disparate. Por desgracia el software no limita dibujar un error tan obvio, y el alumno es capaz de aprovechar ese resquicio para perpetrar su atentado al sentido común.

Alguna persona bien intencionada puede disculpar este error aduciendo que ha sido una confusión involuntaria en el diseño del modelo, pero para desesperación del profesor el alumno le consulta que el software no le permite introducir la fórmula de la nube.

Tal vez el alumno cree que como se pueden subir y bajar cosas de la nube, esa es una variable que ya existe por defecto en el modelo. Quién conoce los misterios de la mente de un alumno...

En fin, tome nota el lector que una nube representa un nivel de proporciones inmensas que no interesa en el estudio analizar, así tanto puede representar el lugar del que vienen los niños cuando nacen y el lugar donde van las personas al fallecer.

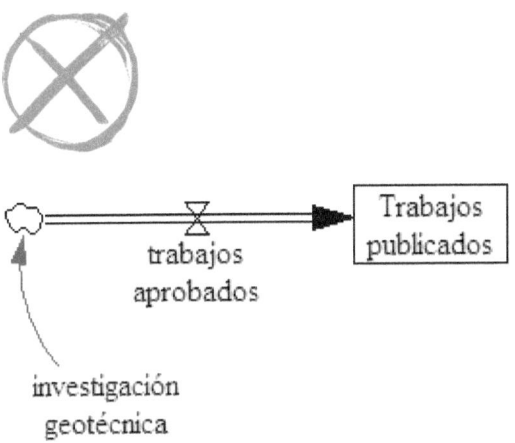

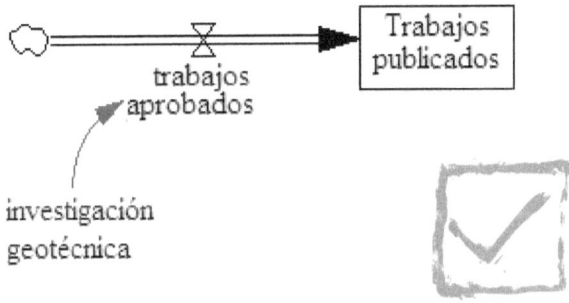

Una nube no puede depender de una variable, aunque el software permita dibujarlo.

3.13. Variables que dependen de dos tablas

- Error: Indicar en el diagrama que una variable depende de dos variables tipo tabla, ya que el software no puede hacer este tipo de cálculos.

Una tabla es la forma de representar la relación entre dos variables sin usar una expresión aritmética. Así, si una variable vale siempre el doble que otra podemos escribir la ecuación A = 2 x B, o bien la tabla (1,2) (10,20) (1000,2000), y en general y=f(x)

No es posible definir en un modelo que una variable depende de otras dos o más variables en formato tabla, lo que no indica que en el mundo real tales relaciones no existan, sino que el software no es capaz de manejar ese formato y en ese caso debemos buscar otra forma de representarlo.

- Cómo evitarlo: La forma de salvar este obstáculo es añadir una o varias variables intermedia que permita hacer el cálculo por partes.

Si por ejemplo las ventas de un producto dependen de la calidad y del precio, y debemos usar dos tablas, es posible crear una variable intermedia de los clientes atraídos por la calidad, y luego de éstos añadir el factor precio en la toma de la decisión final.

tabla de conejos
por hectárea

tabla de zorros por
conejo

conejos cazados
por zorros

tabla de conejos
por hectárea

hectáreas

número de
conejos

tabla de zorros por
por conejo

conejos cazados
por zorros

3.14. Resultados físicamente imposibles

- Error: Usar parámetros que generen resultados que son físicamente imposibles.

Los primeros resultados de la simulación nos indican algunos errores evidentes que existen en la estructura del modelo. El más frecuente de esos errores se detecta porque algunas variables toman valores que son físicamente imposibles.

Es imposible colocar variables de control que nos señalen todos los posibles valores imposibles que pueden aparecer en el modelo, ya que implicaría casi duplicar el modelo.

En Vensim existe la prestación "Reality Checks" que previene este tipo de errores, pero excepto en casos muy particulares su uso no justifica la gran inversión de tiempo que requiere crear esa estructura paralela de variables que avisa de cualquier valor fuera de un rango establecido previamente.

Los valores imposibles se suelen detectar con facilidad y la solución suele ser rápida, utilizando alguna de las funciones lógicas que impiden ese comportamiento. No obstante, es importante notar que un análisis más detallado del sistema nos permitirá ver qué mecanismos existen en el mundo real para evitar estos valores imposibles, y deberemos valorar la utilidad de incorporarlos en el modelo.

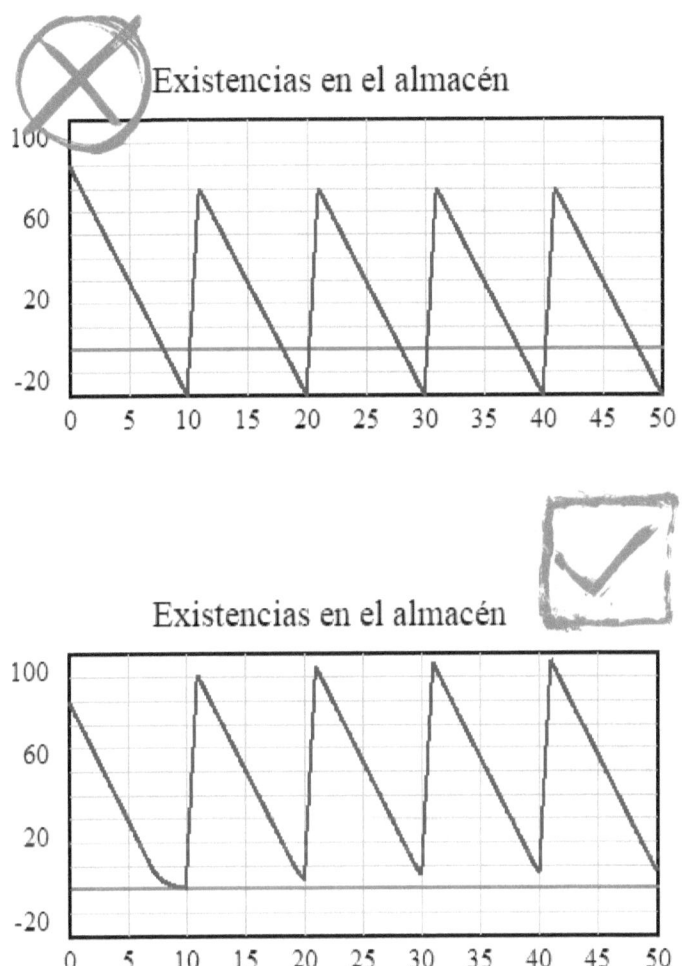

Existencias en el almacén

Existencias en el almacén

Las existencias en el almacén no pueden ser negativas físicamente, por lo tanto es necesario revisar la estructura del modelo antes de cualquier análisis o de que el usuario o cliente reciba el modelo.

3.15. Variable que depende de sí misma

- Error: Indicar en el diagrama que una variable depende de sí misma.

En este modelo, la ecuación para la variable "Pedidos a entregar" incluye esa misma variable y el software no puede hacer ese cálculo.

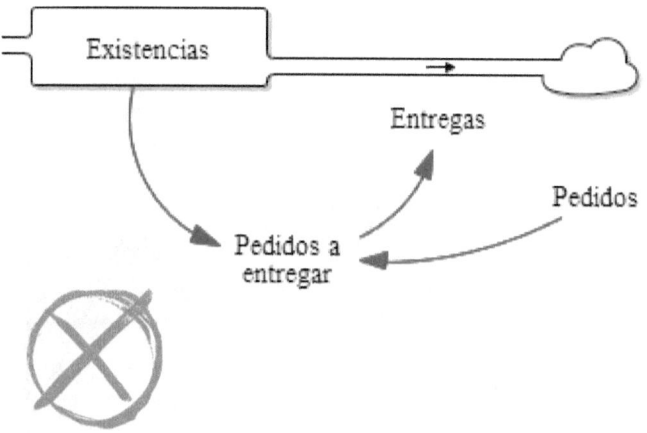

Pedidos a entregar= IF THEN ELSE(Pedidos a entregar <Existencias, Existencias-Pedidos a entregar , Pedidos+Pedidos a entregar)

- Cómo evitarlo: En este caso es necesario añadir alguna variable que clarifique el modelo, y evite este tipo de error ya que el software no será capaz de hacer un cálculo así definido.

3.16. Ecuaciones simultáneas

- Error: Crear bucles que no tengan al menos una variable de tipo nivel, lo que provoca errores de cálculo.

Cada bucle debe tener al menos una variable de tipo nivel (acumulación). Si un bucle no tiene ninguna variable de tipo nivel, se generan relaciones de causa y efecto instantáneas en todo el bucle, sin un punto o valor inicial de partida. Esto provoca que aparezca un mensaje de error: "ecuaciones simultáneas implicadas" porque el software no puede hacer el cálculo.

- Ejemplo: En un modelo de dinámica del mercado, los ajustes de precios debido a la "Escasez de oferta" deben pasar por el nivel de "Existencias". Si el bucle omite las existencias y conecta directamente la escasez con los precios, se ignora el papel de la acumulación de bienes almacenados en la moderación de las fluctuaciones de precio.

- Cómo evitarlo: Asegúrese de que cada bucle pase por al menos una variable de tipo nivel, para reflejar adecuadamente los procesos de acumulación. Los niveles introducen retrasos e inercia, esenciales para capturar de forma precisa la dinámica a largo plazo del sistema.

3.17. Errores muy evidentes

Algunos de los errores en el diseño del diagrama saltan a primera vista al lector menos avezado. Asumiendo que la persona que ha hecho el modelo tiene una formación razonable, surge la pregunta de cómo es posible que haya diseñado un diagrama tan disparatado y esté convencido de que es correcto.

Tras un par de minutos de comentar el diagrama se pone de manifiesto la evidente incoherencia, ante la cara atónita de la persona que ha creado el diagrama. El motivo de este fenómeno se debe a que construir un modelo de simulación requiere un esfuerzo de análisis y concentración muy importante, pero en ocasiones se comete un error que pasa desapercibido para la persona que está concentrada haciendo el modelo, y sólo se pone de manifiesto cuando comparte ese modelo con otra persona más o menos ajena al tema analizado.

Una buena forma de evitar estos errores es compartir cada cierto tiempo el modelo elaborado con otras personas, así al tener que verbalizar el modelo y explicarlo paso a paso se ponen de manifiesto las incoherencias más básicas en el diseño.

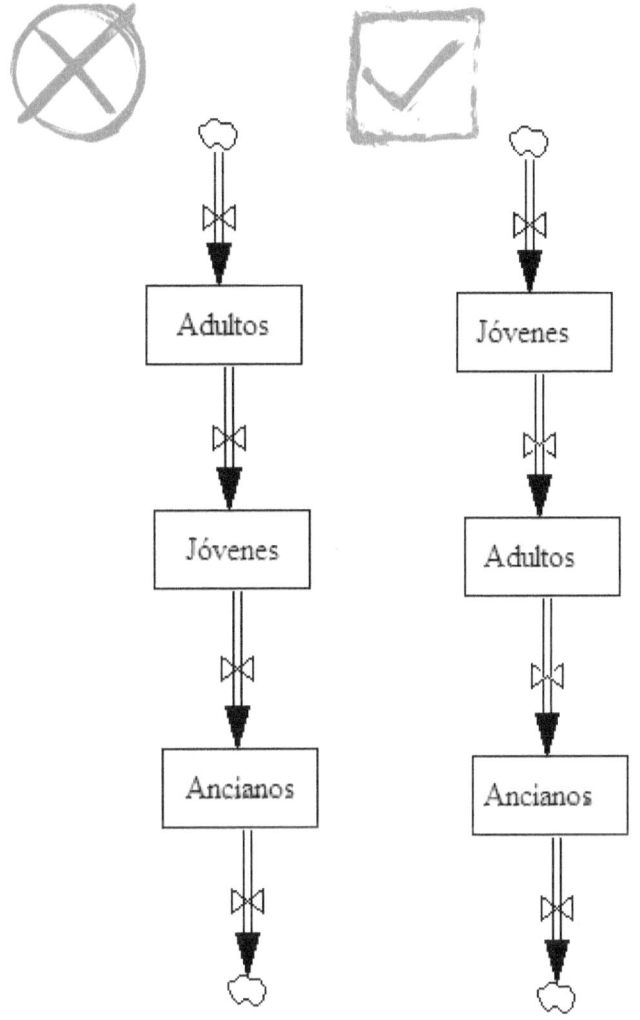

Los errores de diseño más básico son difíciles de detectar para la persona que ha diseñado el modelo, pero evidentes para cualquier otra persona.

En el próximo capítulo, nos centraremos en los errores que se cometen al escribir ecuaciones en modelos de Dinámica de Sistemas y cómo evitarlos para lograr simulaciones precisas.

4. Ecuaciones

Las ecuaciones son la columna vertebral de un modelo de simulación basado en Dinámica de Sistemas. Definen cómo cambian las variables con el tiempo y determinan el comportamiento de los niveles y los flujos.

Escribir ecuaciones correctas y significativas es esencial para asegurar que el modelo refleje con precisión el sistema que representa. Sin embargo, varios tipos de errores pueden distorsionar los resultados del modelo al mostrar un comportamiento incorrecto.

Este paso es fundamental en la creación de un modelo de Dinámica de Sistemas, ya que la precisión y funcionalidad del modelo dependen de ello. Errores, como el uso de variables poco claras, la falta de consistencia dimensional, la confusión entre constantes y variables, y la omisión de dinámicas clave como retrasos y no linealidades, pueden conducir a resultados erróneos o engañosos.

Al prestar atención a los detalles y validar minuciosamente las ecuaciones, es posible evitar estos problemas, garantizando que el modelo se comporte como se pretende y proporcione información útil. En este capítulo, analizaremos estos errores y cómo evitarlos.

4.1. Variables poco definidas

Error: Utilizar variables que no están definidas claramente en el contexto del modelo.

Uno de los peores errores al escribir ecuaciones es emplear variables que no están definidas con claridad o que tienen una definición ambigua.

Si una variable no está bien definida, resulta difícil para cualquier persona que revise o use el modelo, comprender lo que significa. Esto puede dar lugar a malas interpretaciones o resultados erróneos.

Ejemplo: Si una ecuación incluye una variable como "Esfuerzo", pero el modelo no aclara qué significa "Esfuerzo" (por ejemplo, si se refiere a horas de trabajo, tasa de productividad o gasto de energía), el propósito y el comportamiento del modelo se vuelven confusos.

Cómo evitarlo: Defina claramente todas las variables antes de utilizarlas en las ecuaciones. Proporcione descripciones detalladas de cada variable y, si es posible, añada notas o documentación dentro del modelo. Asegúrese de que el nombre de cada variable sea intuitivo y fácil de entender en el contexto del modelo.

4.2. Falta de coherencia dimensional

Error: Escribir ecuaciones que no sean consistentes, que no cuadren, en términos de unidades o dimensiones.

Si bien las unidades no influyen en los cálculos del modelo, si una ecuación no cuadra en sus unidades es muy posible que también sea incorrecta aritméticamente, por ello la consistencia dimensional es crucial en los modelos. Cada ecuación debe cuadrar en términos de unidades (p. ej., dólares por año, litros por segundo). Una ecuación que suma variables con unidades diferentes, o en la que no coinciden las unidades de los términos en ambos lados de la ecuación, de forma que genere un comportamiento erróneo y unos resultados incorrectos del sistema.

- Ejemplo: En un modelo de consumo de energía, sumar "energía (megajulios)" con "tiempo (horas)" sería dimensionalmente inconsistente, ya que estas cantidades no se pueden sumar.

- Cómo evitarlo: Verifique siempre las unidades de cada término en una ecuación para asegurarse de que sean consistentes. Por ejemplo, si está modelando la acumulación de un nivel en unidades de "dólares", las entradas y salidas deben expresarse en "dólares por unidad de tiempo" (p. ej., dólares/mes). Realice verificaciones de unidades como parte del proceso de continua validación del modelo.

4.3. Confundir constantes con variables

Error: Tratar las constantes (valores fijos) como si fueran variables auxiliares, o viceversa.

Las constantes representan valores fijos en un modelo durante el periodo de la simulación, mientras que las variables auxiliares cambian con el tiempo. Confundir ambas puede generar ecuaciones que no reflejan adecuadamente la realidad (si una variable auxiliar se trata erróneamente como una constante) o que se vuelvan demasiado complejas (si las constantes se tratan como variables).

- Ejemplo: En un modelo financiero, tratar una "tasa impositiva" fija (por ejemplo, 20%) como si variara con el tiempo (incluyéndola en un bucle de realimentación) sugeriría incorrectamente que la tasa impositiva puede fluctuar.

- Cómo evitarlo: Asegúrese de distinguir claramente entre constantes y variables en el modelo. Las constantes deben estar claramente definidas y separadas de las variables. Si un valor cambia con el tiempo, debe tratarse como una variable auxiliar; si permanece fijo, debe definirse como una constante.

Además, si una constante se define como una variable auxiliar, no podrá realizarse un análisis de sensibilidad automático, ya que este tipo de análisis solo se aplica a elementos definidos como constantes.

En un modelo de simulación las variables auxiliares son elementos que dependen de otros elementos, sean niveles, flujos, variables auxiliares, o constantes.

Una variable auxiliar que se va a mantener constante durante el periodo de la simulación se ha de definir como "constante". Hacerlo así tiene muchas ventajas, por ejemplo podremos hacer simulaciones en las que el software nos muestra las constantes con cursores para poder simular con rapidez cambios en los valores definidos para las constantes, cosa que no ocurre con los elementos definidos como variables auxiliares.

Es conveniente usar variables definidas como constantes en vez de colocar su valor dentro de las ecuaciones. En primer lugar eso permite hacer el modelo más explícito, y en segundo lugar permite simular con facilidad el impacto de cambios en esos elementos.

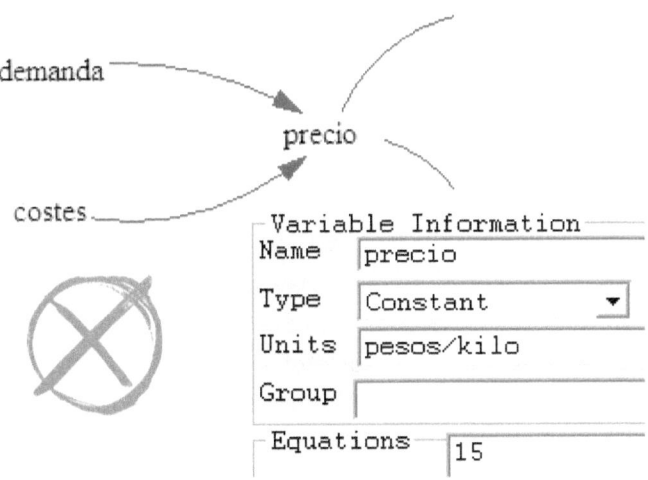

4.4. Simplificación excesiva de ecuaciones

Error: Utilizar ecuaciones excesivamente simples que no capturan dinámicas importantes.

Si bien la simplicidad es una característica importante y deseable en los modelos, simplificar en exceso las ecuaciones puede eliminar dinámicas clave.

Por ejemplo, utilizar una ecuación lineal para representar un proceso que en realidad es altamente no lineal conducirá a una representación imprecisa del sistema, lo que podría ocultar bucles o umbrales críticos.

- Ejemplo: En un modelo de crecimiento poblacional, emplear una ecuación lineal simplificada como "Población = Nacimientos – Muertes" sin considerar factores como la capacidad de carga o la distribución etaria puede resultar en una representación demasiado reducida, llevando a proyecciones de crecimiento inexactas.

- Cómo evitarlo: Asegúrese de que sus ecuaciones reflejen la complejidad real del sistema. Si el sistema presenta comportamientos no lineales, como rendimientos decrecientes o efectos de umbral, inclúyalos en sus ecuaciones. Pruebe distintas opciones para encontrar la ecuación que mejor capture el comportamiento del sistema.

4.5. No incluir demoras y no linealidades

Error: Ignorar las relaciones no lineales o las demoras temporales fundamentales para el comportamiento del sistema.

Muchos sistemas reales presentan comportamientos no lineales y demoras entre causa y efecto. No considerar estas características puede resultar en simulaciones poco realistas que no reflejan adecuadamente el comportamiento del sistema. Las demoras son cruciales en sistemas donde existe un desfase entre una acción y su consecuencia, como en la gestión de existencias o el crecimiento poblacional.

- Ejemplo: En un modelo de cadena de suministro, omitir la demora entre realizar un pedido y recibir los bienes puede llevar a niveles de existencias que responden de manera irreal e instantánea a los cambios en la demanda.

- Cómo evitarlo: Al escribir ecuaciones, determine si la relación entre variables es lineal o no lineal. Si existen umbrales, límites o rendimientos decrecientes, asegúrese de reflejar estos factores en las ecuaciones. Incluya funciones de demora explícitas cuando sea necesario para capturar los desfases temporales en el sistema.

4.6. Error en las condiciones iniciales

Error: No establecer correctamente las condiciones iniciales de los niveles, genera un comportamiento inicial poco realista.

Las condiciones iniciales determinan los valores iniciales de los niveles y pueden tener un impacto importante en el comportamiento del modelo, especialmente en las primeras etapas de una simulación. No definir estas condiciones de manera realista puede provocar un comportamiento anómalo o poco realista, especialmente si el modelo asume que el sistema comienza desde cero cuando no es así.

- Ejemplo: En un modelo de población, iniciar la simulación con una población de cero sería poco realista si se supone que la población real es de 1,000 personas al comienzo, y crece a una tasa que depende del valor anterior de la población (que es 0 en el periodo inicial).

- Cómo evitarlo: Establezca condiciones iniciales realistas para cada una de los niveles en su modelo. Utilice datos históricos o el conocimiento de expertos para definir valores iniciales adecuados. Verifique que estas condiciones iniciales reflejen fielmente el sistema real que está modelando para evitar dinámicas de inicio inexactas.

5. Simulación

La simulación de modelos es el proceso donde los conceptos teóricos se aplican para entender cómo se comporta un sistema a lo largo del tiempo. Sin embargo, ejecutar una simulación sin considerar adecuadamente las hipótesis, parámetros e intervalos de tiempo puede generar falsos resultados.

La simulación es una herramienta útil para analizar sistemas complejos, pero prácticas poco meticulosas pueden llevar a resultados inexactos o erróneos. Para evitar estos problemas, es fundamental elegir un intervalo de tiempo adecuado, realizar análisis de sensibilidad, documentar claramente las hipótesis, validar y verificar el modelo, probar condiciones extremas y calibrar correctamente los parámetros.

Seguir estas buenas prácticas aumenta la fiabilidad y utilidad del modelo, convirtiéndolo en una herramienta eficaz para la toma de decisiones.

En este capítulo, analizaremos los errores en el proceso de simulación y cómo evitarlos para garantizar la precisión y la fiabilidad de los resultados.

5.1. Uso de un intervalo de tiempo incorrecto

- Error: Elegir un intervalo de tiempo demasiado grande (se omitirán aspectos clave) o demasiado pequeño (se ralentiza la simulación).

El intervalo de tiempo, o incremento temporal, define la frecuencia con la que el modelo actualiza sus cálculos. Un intervalo de tiempo muy grande puede hacer que el modelo no capture dinámicas importantes, especialmente en sistemas con cambios rápidos. Por otro lado, un paso de tiempo muy pequeño puede ralentizar la simulación sin aportar una mejora significativa en la precisión.

- Ejemplo: En un modelo depredador-presa, usar un intervalo de tiempo anual podría omitir variaciones estacionales clave. Sin embargo, emplear un intervalo diario para simular varios siglos podría ralentizar la simulación innecesariamente.

- Cómo evitarlo: Seleccione un intervalo de tiempo que equilibre el detalle y la eficiencia. Considere la velocidad de evolución de su sistema y escoja un intervalo que capture las dinámicas relevantes sin sobrecargar el modelo.

Pruebe diferentes intervalos para verificar si los resultados cambian significativamente y asegúrese de que el intervalo elegido sea apropiado para analizar el comportamiento que desea simular.

5.2. No realizar pruebas de sensibilidad

- Error: No realizar análisis de sensibilidad para verificar cómo los cambios en los parámetros afectan los resultados.

El análisis de sensibilidad consiste en variar los parámetros dentro de un rango razonable para evaluar qué tan robusto es el modelo ante cambios en las constantes. Omitir esta etapa puede hacer que se pasen por alto parámetros que tienen un impacto desproporcionado en el comportamiento del sistema, lo que vuelve al modelo frágil o impreciso bajo diferentes condiciones.

- Ejemplo: En un modelo climático, ignorar el análisis de sensibilidad en la tasa de absorción de carbono podría resultar en un modelo que subestima o sobrestima el impacto de las emisiones de carbono.

- Cómo evitarlo: Realice pruebas de sensibilidad modificando los parámetros clave y observe cómo responde el modelo. Identifique los parámetros que influyen significativamente en los resultados y asegúrese de que estén bien calibrados o justificados.

Esto garantizará que sus conclusiones sean sólidas y no dependan excesivamente de valores de parámetros específicos.

5.3. Hipótesis poco claras o mal documentadas

- Error: No indicar claramente las hipótesis sobre los parámetros, retrasos o relaciones.

Todo modelo se basa en datos y algunas hipótesis, ya sea sobre los valores de los parámetros, la naturaleza de los bucles, o la inclusión de retrasos. No documentar estas hipótesis de manera clara puede llevar a malentendidos o expectativas poco realistas sobre el modelo. Las hipótesis no explícitas pueden esconder los límites de la aplicabilidad del modelo.

- Ejemplo: En un modelo de crecimiento urbano, suponer que la tasa de migración se mantiene constante sin indicar esta suposición puede generar proyecciones poco realistas, ya que las tasas de migración suelen variar con el tiempo.

- Cómo evitarlo: Documente todas las hipótesis relacionadas con los parámetros, retrasos, bucles y relaciones. Esto incluye los valores fijos, relaciones que se asumen como lineales o constantes, y cualquier simplificación realizada para facilitar la construcción del modelo.

Asegúrese de que estas hipótesis sean claras, y comprensibles para cualquiera que revise el modelo.

5.4. Validación y verificación inadecuadas

- Error: No validar exhaustivamente el modelo con los datos reales disponibles o no verificar la lógica interna.

La validación asegura que los resultados del modelo sean similares a los datos reales, mientras que la verificación comprueba que el modelo funcione como se espera (es decir, que las ecuaciones sean correctas y las unidades coherentes). Saltarse o realizar una validación y verificación superficiales puede resultar en un modelo que funcione matemáticamente, pero que no refleje el sistema real que se pretende simular.

- Ejemplo: En un modelo de propagación de enfermedades, no validar las tasas de infección del modelo con datos históricos podría llevar a proyecciones que sobrestimen o subestimen significativamente el impacto de un brote.

- Cómo evitarlo: Pruebe los resultados de su modelo con datos reales siempre que sea posible, como tendencias históricas, estudios empíricos o la opinión de expertos. Verifique que la lógica interna del modelo sea sólida comprobando la coherencia de las unidades y asegurándose de que cada ecuación se comporte como se espera.

5.5. Ignorar condiciones extremas

- Error: No probar el modelo en condiciones extremas o escenarios límite.

Los sistemas del mundo real a menudo enfrentan condiciones extremas, como escasez de recursos, picos repentinos de demanda o eventos catastróficos. No poner a prueba el modelo en estas condiciones puede resultar en un modelo que funcione bien en circunstancias normales, pero que falle bajo situaciones de estrés, haciéndolo menos fiable para la toma de decisiones.

- Ejemplo: En un modelo económico, no probar qué sucede cuando las tasas de interés alcanzan cero o valores negativos puede dejar al modelo mal preparado para escenarios inusuales pero que se ha visto son posibles.

- Cómo evitarlo: Pruebe el modelo en condiciones extremas o límites, utilizando valores muy altos o muy bajos para los parámetros clave. Evalúe cómo se comporta el sistema cuando se lo lleva al límite y asegúrese de que produzca resultados razonables en dichos casos.

Esto ayuda a confirmar la resiliencia y aplicabilidad del modelo en una amplia gama de escenarios.

5.6. Simulación con parámetros no calibrados

- Error: Ejecutar el modelo sin una calibración adecuada lleva a unos resultados poco realistas o al menos inexactos.

La calibración consiste en ajustar los parámetros del modelo para que su comportamiento coincida con las observaciones reales o expectativas. Ejecutar un modelo sin calibrar correctamente los parámetros puede generar simulaciones inexactas que no replican la dinámica del mundo real, llevando a conclusiones erróneas.

- Ejemplo: En un modelo de población, no calibrar la tasa de natalidad para que se ajuste a los datos históricos podría generar un modelo que sobrestime o subestime drásticamente el crecimiento futuro de la población.

- Cómo evitarlo: Calibre los parámetros clave utilizando datos históricos, estudios de campo o el conocimiento de expertos. Asegúrese de que el modelo reproduzca patrones y tendencias conocidas antes de emplearlo para pronosticar escenarios futuros.

La calibración mejora la fiabilidad del modelo y garantiza que su comportamiento sea realista.

En el próximo capítulo, nos enfocaremos en el paso final: comprender y explicar las conclusiones de un modelo de simulación, donde interpretar los resultados con precisión es tan crucial como el proceso de modelado en sí.

6. Resultados

Comprender y comunicar los resultados de un modelo de simulación es tan importante como construir el propio modelo. Incluso un modelo bien construido puede llevar a una toma de decisiones deficiente si sus resultados son malinterpretados o simplificados en exceso.

Interpretar y explicar los resultados de una simulación es un proceso minucioso que requiere una consideración cuidadosa de las complejidades del sistema.

Así, al evitar el exceso de confianza en la precisión del modelo, comprender los bucles de retroalimentación, considerar las dinámicas a largo plazo, interpretar las variables en su contexto, reconocer los límites del crecimiento de las variables y reconocer el papel de los factores intangibles, se puede proporcionar una comprensión más completa y precisa de los resultados del modelo.

En este capítulo, exploraremos los errores que se cometen al interpretar y explicar los resultados de una simulación, los cuales pueden cuestionar la utilidad del modelo y llevar a conclusiones erróneas.

6.1. Exceso de confianza en el modelo

- Error: Suponer que los resultados del modelo son totalmente exactos, en lugar de una aproximación de las dinámicas del mundo real.

Un error común es confiar demasiado en la precisión de los resultados de la simulación, olvidando que todos los modelos son simplificaciones de la realidad. Los modelos se construyen sobre hipótesis y estimaciones, lo que significa que sus resultados no son predicciones exactas, sino escenarios que pueden ayudar en la toma de decisiones. Un exceso de confianza puede llevar a políticas rígidas basadas en la suposición de que los resultados del modelo son infalibles.

- Ejemplo: Un responsable de políticas que utiliza un modelo climático para determinar futuras reducciones de emisiones de carbono, podría depender excesivamente de los números precisos generados por el modelo, sin tener en cuenta la incertidumbre en las suposiciones o factores externos que podrían afectar el resultado.

- Cómo evitarlo: Reconozca que los modelos proporcionan información, no predicciones perfectas. Al presentar los resultados, comunique claramente las incertidumbres, hipótesis y suposiciones detrás del modelo. Utilice rangos o intervalos de confianza para expresar la variabilidad potencial en los resultados del modelo. Siempre comente las limitaciones del modelo con los responsables de la toma de decisiones.

6.2. Mala interpretación de los bucles

- Error: No valorar bien el impacto de los bucles de retroalimentación en el sistema a lo largo del tiempo.

Los bucles de retroalimentación—tanto de refuerzo como de equilibrio—son impulsores clave del comportamiento de un sistema, pero a menudo se pasan por alto al interpretar los resultados. Ignorar los bucles puede llevar a explicaciones incorrectas sobre por qué ciertos comportamientos emergieron en el modelo, y en consecuencia, a conclusiones erróneas sobre cómo influir en esos comportamientos.

- Ejemplo: En un modelo de crecimiento poblacional, enfocarse solo en la tasa de natalidad podría llevar a la conclusión incorrecta de que el crecimiento es exponencial, sin considerar el bucle de retroalimentación de los recursos limitados, que eventualmente desacelera el crecimiento de la población.

- Cómo evitarlo: Preste mucha atención a los bucles del sistema. Al interpretar los resultados, siempre pregúntese cómo los bucles de retroalimentación contribuyeron a los comportamientos observados. Identifique los bucles de refuerzo y de equilibrio y considere su impacto a largo plazo en el comportamiento del sistema. Explique claramente estos bucles a los usuarios al presentar sus conclusiones.

6.3. Ignorar los horizontes temporales

- Error: Sacar conclusiones basadas en el comportamiento a corto plazo sin tener en cuenta las tendencias a largo plazo.

Los modelos de Dinámica de Sistemas se utilizan a menudo para estudiar el comportamiento durante períodos de tiempo prolongados. Enfocarse solo en los resultados a corto plazo puede llevar a conclusiones erróneas, especialmente cuando las dinámicas a largo plazo, como los retrasos o los ciclos de retroalimentación lentos, tardan en manifestarse. Ignorar el horizonte temporal adecuado puede hacer que se pasen por alto patrones críticos como el crecimiento exponencial, el exceso o el colapso.

- Ejemplo: En un modelo de una zona de pesca, las primeras señales de aumento de las existencias de peces pueden generar optimismo, pero a largo plazo, el modelo puede revelar que la pesquería se encamina al colapso debido a la sobrepesca.

- Cómo evitarlo: Examine siempre el comportamiento del modelo en diferentes horizontes temporales, tanto a corto como a largo plazo. Sea precavido al interpretar las tendencias tempranas y asegúrese de que las conclusiones tengan en cuenta las dinámicas a largo plazo. Al presentar los resultados, diferencie claramente entre las tendencias a corto y largo plazo.

6.4. Centrarse en variables aisladas

- Error: Interpretar variables individuales fuera de contexto, en lugar de comprender el sistema en su conjunto.

En sistemas complejos, es tentador enfocarse en unas pocas variables clave, especialmente aquellas que son fáciles de medir o visualizar. Sin embargo, comprender el sistema en su totalidad requiere un enfoque holístico. Aislar una variable y sacar conclusiones basándose solo en su comportamiento puede llevar a interpretaciones simplificadas o erróneas, descuidando las interconexiones que impulsan el sistema.

- Ejemplo: En un modelo económico, centrarse únicamente en las tasas de desempleo puede hacer que se pase por alto cómo la inflación, el gasto de los consumidores y las políticas gubernamentales interactúan con el empleo para influir en el comportamiento económico general.

- Cómo evitarlo: Al interpretar los resultados de la simulación, considere siempre el sistema en su conjunto. Identifique las interdependencias y relaciones clave entre las variables. Explique cómo el comportamiento de una variable influye y es influenciado por otras. Anime a los responsables de la toma de decisiones a pensar de manera sistémica en lugar de hacerlo de forma aislada.

6.5. No percibir los límites del crecimiento

- Error: Pasar por alto los límites inherentes al sistema que pueden llevar a dinámicas de sobregiro y colapso.

Muchos sistemas tienen límites naturales que impiden el crecimiento infinito, como restricciones de recursos, límites de capacidad o límites físicos. No reconocer estos límites puede llevar a conclusiones excesivamente optimistas, que suponen un crecimiento perpetuo, ignorando posibles escenarios en los que el sistema experimente sobregiro y colapso.

- Ejemplo: En un modelo de desarrollo urbano, centrarse únicamente en el crecimiento de las unidades de vivienda sin considerar la disponibilidad de terrenos o la capacidad de infraestructura podría llevar a suponer que la ciudad puede seguir expandiéndose indefinidamente.

- Cómo evitarlo: Identifique e incorpore los posibles límites al crecimiento en su modelo. Analice cómo estos límites afectan el comportamiento a largo plazo del sistema, incluidos los escenarios en los que el crecimiento alcanza un pico y luego disminuye. Comunique claramente estos límites a los usuarios y considere estrategias para gestionar el crecimiento dentro de estas restricciones.

6.6. Variables blandas y factores intangibles

- Error: Centrarse demasiado en las variables cuantificables y pasar por alto factores cualitativos, como la confianza o la motivación, que pueden influir en el comportamiento.

Los modelos suelen hacer hincapié en las variables cuantificables, como las tasas de producción, los ingresos o el tamaño de la población. Sin embargo, descuidar las variables intangibles o "blandas" puede dar lugar a una comprensión incompleta del comportamiento del sistema. Factores como la confianza, la motivación, la moral o el capital social pueden ser difíciles de cuantificar, pero pueden tener un impacto significativo en el sistema.

- Ejemplo: En un modelo de productividad laboral, centrarse únicamente en las tasas de producción puede pasar por alto el impacto de la motivación y la moral de los empleados, que influyen en la productividad de maneras que no son fácilmente cuantificables.

- Cómo evitarlo: Reconozca que no todos los factores críticos son fácilmente cuantificables. Cuando sea apropiado, incorpore evaluaciones cualitativas o indicadores indirectos de los factores intangibles. Al interpretar y explicar los resultados, reconozca la posible influencia de las variables blandas y analice cómo podrían afectar el comportamiento del sistema, incluso si no se modelan directamente.

En el próximo capítulo, analizaremos estrategias para comunicar eficazmente los resultados de la simulación a los usuarios y a los responsables de la toma de decisiones, garantizando que los conocimientos adquiridos con el modelo se utilicen para fundamentar decisiones en el mundo real.

7. Comunicación

La comunicación eficaz de los resultados de un modelo de simulación es fundamental para garantizar que los conocimientos se comprendan y se apliquen adecuadamente.

Los errores de comunicación pueden ocultar hallazgos importantes, generar confusión o dar lugar a decisiones mal informadas.

Al comunicar los resultados de un modelo no se trata solo de presentar números y gráficos; requiere un enfoque cuidadoso que considere las necesidades y perspectivas de la audiencia.

Se puede garantizar que los resultados sean comprendidos y utilizados para tomar decisiones bien informadas evitando usar una jerga demasiado técnica, utilizando visualizaciones claras, explicando las implicaciones de las políticas, adaptando el mensaje al público y reconociendo las limitaciones del modelo,.

En este capítulo, examinaremos los errores que se cometen al presentar los resultados de un modelo y cómo evitarlos, para asegurar que los usuarios y los tomadores de decisiones comprendan plenamente las implicaciones del modelo.

7.1. Uso excesivo de jerga

- Error: Utilizar un lenguaje excesivamente técnico que aleje a los usuarios, que en general no están familiarizados con la terminología de los modelos de simulación basados en Dinámica de Sistemas.

Es común caer en la trampa de utilizar jerga especializada al explicar las complejidades de una simulación. Términos como "bucles", "niveles y flujos" o "dinámica endógena" pueden ser habituales para los expertos en Dinámica de Sistemas, pero para quienes no tienen esta formación técnica, pueden resultar confusos y desmotivadores. El uso excesivo de jerga puede crear una desconexión entre el creador del modelo y la audiencia, dificultando la comunicación de ideas clave.

- Ejemplo: Explicar a los responsables de políticas que "los bucles estabilizadores regulan el sistema" sin aclarar lo que significa en términos prácticos podría dejarlos confundidos sobre las implicaciones para la política.

- Cómo evitarlo: Adapte su lenguaje a la audiencia. Simplifique los términos técnicos siempre que sea posible y proporcione explicaciones claras y comprensibles. Si es necesario introducir jerga, explíquela con ejemplos o analogías que el público pueda entender fácilmente. Mantenga el foco en las implicaciones y los conocimientos, en lugar de concentrarse solo en los detalles técnicos del modelo.

7.2. Mala exposición de los resultados

- Error: Presentar los resultados con gráficos o diagramas poco claros que dificultan su interpretación.

La exposición de los resultados de una simulación es una forma eficaz de transmitir información compleja, pero los gráficos o diagramas mal diseñados pueden confundir a la audiencia. Los problemas comunes incluyen el uso de elementos visuales excesivamente complicados, no etiquetar los ejes de los gráficos con claridad o elegir formatos visuales inapropiados para los datos. Estos errores pueden ocultar las aportaciones del modelo y llevar a interpretaciones incorrectas.

- Ejemplo: Un gráfico que muestra múltiples bucles superpuestos con etiquetas poco claras puede dificultar que la audiencia identifique las dinámicas clave.

- Cómo evitarlo: Utilice elementos visuales simples, claros e intuitivos para presentar los resultados. Etiquete todos los ejes, unidades y variables de manera clara. Evite sobrecargar la presentación con información innecesaria y centre los gráficos en los elementos más críticos del modelo. Asegúrese de explicar las imágenes detalladamente al presentarlas.

7.3. No explicar bien las consecuencias

- Error: No explicar bien cómo los resultados del modelo se traducen en recomendaciones de políticas en el mundo real.

Si bien los resultados de la simulación son importantes, los tomadores de decisiones suelen estar más interesados en cómo esos resultados pueden informar políticas o estrategias concretas. Un error común es presentar los hallazgos del modelo sin detallar claramente sus implicaciones prácticas. Esto deja a los usuarios con una buena comprensión del comportamiento del modelo, pero sin una orientación clara sobre qué acciones deberían tomar.

- Ejemplo: Presentar resultados que muestran una tendencia creciente en las emisiones de carbono sin analizar políticas específicas para reducirlas puede dejar a los tomadores de decisiones sin una guía práctica.

- Cómo evitarlo: Vincule claramente los hallazgos del modelo con recomendaciones de políticas prácticas. Explique qué significan los resultados en términos de decisiones reales y qué intervenciones podrían producir los resultados deseados. Ofrezca una variedad de opciones de políticas basadas en diferentes escenarios del modelo y analice las posibles compensaciones y riesgos asociados a cada una.

7.4. Ignorar las necesidades del usuario

- Error: Presentar resultados que no coinciden con los intereses, necesidades o niveles de comprensión de la audiencia.

Diferentes audiencias tienen distintas prioridades y niveles de entendimiento. Un error común es presentar los resultados sin adaptarlos a la perspectiva del público. Una presentación muy técnica puede funcionar bien para personal investigador, pero no logrará captar el interés de los usuarios que no son técnicos. De igual manera, centrarse en aspectos del modelo que no son relevantes para los objetivos o preocupaciones de la audiencia puede generar desinterés o confusión.

- Ejemplo: Presentar una explicación detallada de la estructura del modelo a ejecutivos de negocios que están más interesados en los impactos financieros de los resultados del modelo puede generar desinterés o confusión.

- Cómo evitarlo: Conozca a su audiencia. Antes de presentar los resultados, identifique sus inquietudes, objetivos y nivel de familiaridad con los modelos de simulación. Adapte su presentación para abordar sus necesidades específicas, ya sea con más información de contexto, detalles técnicos o recomendaciones prácticas. Sea flexible y esté dispuesto a ajustar su explicación si nota que su audiencia pierde interés o tiene dificultades para entender.

7.5. Exagerar la importancia de la simulación

- Error: Sugerir que los conocimientos del modelo son más definitivos o predictivos de lo que realmente son.

Los modelos de Dinámica de Sistemas son herramientas útiles para comprender sistemas complejos, pero no son bolas de cristal. Un error común es exagerar la certeza de los resultados de un modelo, sugiriendo que son predictivos en lugar de exploratorios. Esto puede llevar a los usuarios a dar demasiado peso a los resultados del modelo, ignorando las incertidumbres y suposiciones inherentes a la simulación.

- Ejemplo: Afirmar que un modelo puede "predecir" el crecimiento económico futuro con alta precisión, en lugar de reconocer que ofrece una variedad de resultados posibles basados en tendencias y suposiciones actuales.

- Cómo evitarlo: Enfatice la naturaleza exploratoria del modelo. Comunique que los resultados representan escenarios potenciales basados en las hipótesis del modelo y que los resultados del mundo real dependen de muchos factores inciertos. Utilice un lenguaje que refleje el nivel de confianza que tiene en los resultados del modelo y destaque las áreas en las que se podrían necesitar más datos o mejoras.

8. Documentación

Una documentación bien hecha es esencial para garantizar que otros puedan comprender, validar y replicar un modelo. Sin una documentación clara y organizada, incluso los modelos mejor construidos pueden volverse inaccesibles o inutilizables para trabajos futuros, lo que limita su utilidad e impacto.

Una buena documentación es crucial para asegurar que un modelo pueda ser comprendido, replicado y desarrollado a lo largo del tiempo. La falta de transparencia, un control deficiente de versiones y suposiciones poco claras son errores comunes que pueden minar la utilidad y credibilidad de un modelo.

Mantener una documentación clara y completa, realizar un seguimiento cuidadoso de los cambios y ser transparentes sobre las hipótesis y las fuentes de datos permite mejorar el valor a largo plazo de su trabajo. Una documentación adecuada no solo facilita la replicación de los resultados, sino que también fomenta la colaboración, el intercambio de conocimientos y la innovación futura en el campo de la Dinámica de Sistemas.

En este capítulo, analizaremos los errores que se cometen en la documentación y replicación de modelos, y cómo evitarlos para mejorar la transparencia, usabilidad y usos futuros de los mismos.

8.1. Falta de transparencia

- Error: No proporcionar documentación suficiente para que otros comprendan o repliquen el modelo.

Uno de los errores más graves es no documentar el modelo con la claridad necesaria para que otros comprendan su estructura, hipótesis y comportamiento. Sin transparencia, incluso un modelo bien construido se convierte en una "caja negra", lo que impide que otros evalúen o repliquen el trabajo. Esto socava la credibilidad del modelo e impide que otras personas lo utilicen.

- Ejemplo: Un modelo utilizado para simular resultados en atención médica puede tener bucles y variables complejas, si la documentación no explica cómo se construyó el modelo, qué hipótesis se hicieron o cómo se definieron las variables, otros analistas tendrán dificultades para utilizarlo.

- Cómo evitarlo: Proporcione una documentación completa que explique el propósito, la estructura, las hipótesis clave, las variables y las ecuaciones del modelo. Incluya una explicación clara de cómo funciona el modelo, instrucciones paso a paso para ejecutarlo y detalle de los usos previstos. El uso de comentarios adicionales puede ayudar a aclarar elementos específicos. Asegúrese de que cualquier persona, incluso sin conocimientos previos, pueda comprender y replicar el modelo basándose en la documentación proporcionada.

8.2. Descontrol de las versiones del modelo

- Error: No documentar las sucesivas versiones del modelo, lo que dificulta entender los cambios.

A medida que se construyen los modelos, es común realizar ajustes y mejoras en función de nuevos datos, comentarios o investigaciones. Si no se lleva un control de las versiones, resulta difícil hacer un seguimiento de estos cambios, lo que genera confusión sobre cuál es la versión más actualizada o adecuada para su uso. Esto también puede complicar el uso del modelo por los miembros del equipo.

- Ejemplo: Se actualiza varias veces un modelo de crecimiento poblacional en función de nuevos datos, pero no se hace un seguimiento de qué versiones incluyen qué cambios. Más tarde, al intentar reproducir los resultados de un estudio anterior, el equipo no puede determinar qué versión se utilizó.

- Cómo evitarlo: Implemente un sistema de control de versiones para el modelo, mediante convenciones sencillas de nombres de archivos (por ejemplo, modelo_v1, modelo_v2). Mantenga un registro detallado de todos los cambios realizados en el modelo, incluidos qué se modificó, por qué se realizó el cambio y cuándo se hizo. Esto permite mantener un registro claro de la evolución del modelo y garantiza que se pueda acceder a versiones anteriores si es necesario.

8.3. Hipótesis o fuentes de datos poco claras

- Error: Omitir las hipótesis o el origen de datos clave, lo que dificulta la validación o el uso del modelo.

Todo modelo se basa en un conjunto de hipótesis y depende de fuentes de datos específicas, ambos elementos fundamentales para comprender el comportamiento y la fiabilidad del modelo. Si estas hipótesis o fuentes de datos no se documentan claramente, resulta complicado para otros validar las conclusiones del modelo o modificarlo y extenderlo para diferentes aplicaciones.

- Ejemplo: Un modelo que analiza el consumo de energía puede basarse en hipótesis específicas sobre los precios de los combustibles o las tasas de adopción de tecnología. Si no se exponen estas hipótesis, los usuarios pueden malinterpretar los resultados o aplicar el modelo a situaciones en las que esas hipótesis ya no sean válidas.

- Cómo evitarlo: Documente claramente todas las hipótesis clave realizadas durante el proceso de modelado. Esto incluye las hipótesis sobre factores externos, demoras temporales, valores de parámetros y cualquier simplificación utilizada en el modelo. Además, proporcione referencias detalladas de todas las fuentes de datos empleadas, especificando el origen de los datos, cualquier manipulación o transformación aplicada, y cualquier limitación conocida de los mismos.

9. Un ejemplo paso a paso

- Error: No es fácil describir la realidad con palabras, tampoco lo es describirla en un texto. Con un modelo de simulación ocurre algo similar, no es fácil, por muy simple que sea la realidad.

Veremos un ejemplo, basado en varias experiencias personales, de los enfoques (incorrectos) que algunas personas tienen para representar un sistema simple. Nos facilitan el texto siguiente.

Crear un modelo de simulación de una población de 1.000.000 de personas, que se ha mantenido constante en los últimos años. Actualmente el 40% de su población son jóvenes menores de 20 años, el 50% son adultos entre 20 y 70 años y el resto son personas ancianas.

Conocemos los siguientes parámetros: la esperanza de vida de las personas ancianas es de 80 años, la tasa de natalidad de la población adulta es del 6,0% anual y la tasa de mortalidad es del 2,5% en los jóvenes y del 2,0% en los adultos. Todos estos parámetros se han mantenido estables y no se espera que cambien en el futuro.

Cree un modelo que muestre esta población constante de 2020 a 2050.

Primera versión (incorrecta) del modelo

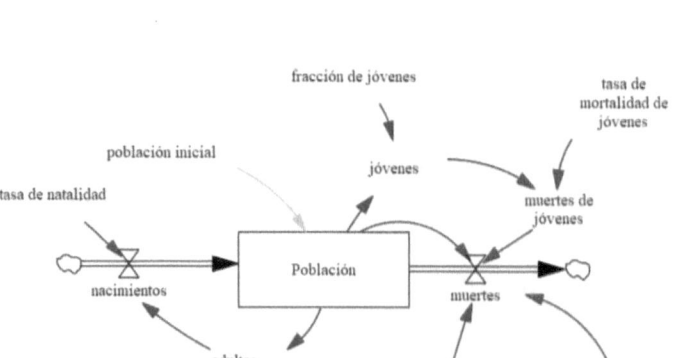

Esta versión no funciona, sobre todo porque calcula que toda la población tiene una esperanza de vida de 80 años, lo que hace redundantes las muertes de jóvenes y adultos, que además se calculan de forma independiente. En este caso sólo los ancianos tienen una esperanza de vida de 80 años, los jóvenes y los adultos tienen sus propias tasas de mortalidad (que es la inversa de la esperanza de vida).

Es necesario desagregar la población total en tres grupos: jóvenes, adultos y ancianos.

Segunda versión (incorrecta) del modelo

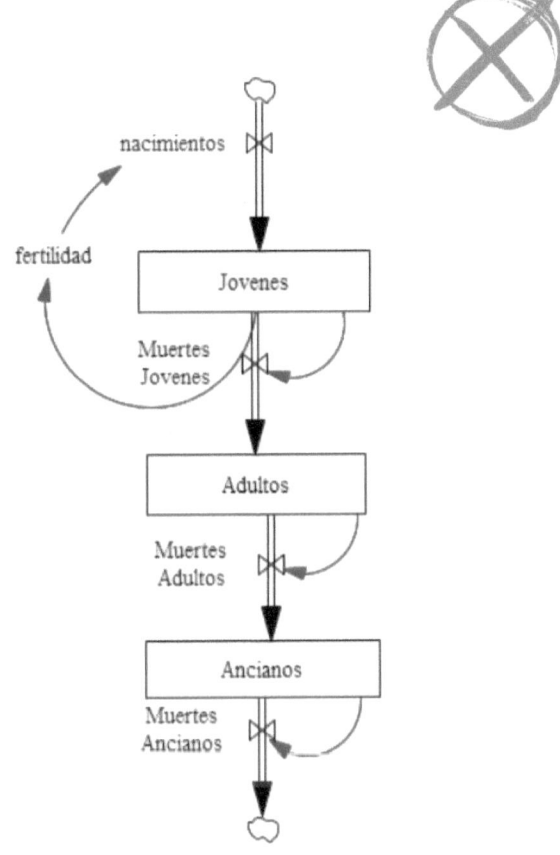

Se ha desagregado la población en tres grupos, pero el diagrama muestra que cuando muere un joven pasa al grupo de adultos, y cuando muere pasa al grupo de ancianos, lo cual no tiene ningún sentido.

Es necesario modificar los flujos de mortalidad para que en ese caso las personas no pasen al siguiente grupo.

Tercera versión (incorrecta) del modelo

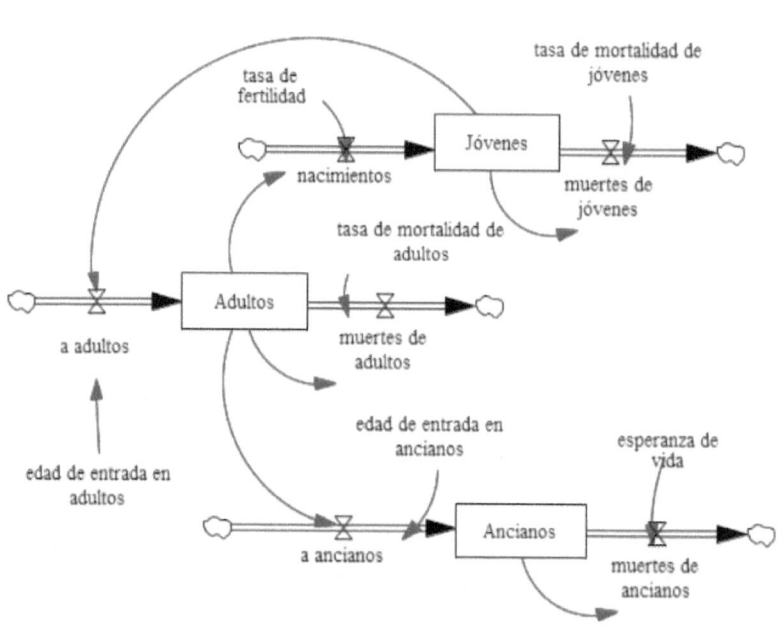

Se han desagregado los tres grupos de personas, pero no hay flujos que muestren el cambio natural de joven a adulto, o de adulto a anciano.

Es necesario conectar los tres grupos de personas, ya que una misma persona en realidad pasa de un grupo a otro.

Cuarta versión (correcta) del modelo

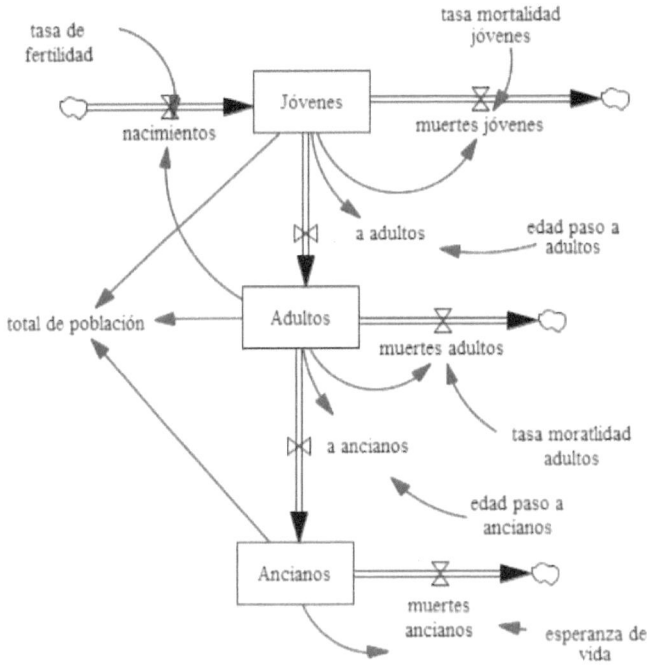

Esta versión ya nos permite reproducir el comportamiento del sistema y hacer un análisis de sensibilidad si lo deseamos.

10. Buenas prácticas para evitar errores

Crear un modelo de simulación no es una actividad exenta de riesgos y fracasos aunque no se cometa ninguno de los errores antes citados.

Para reducir el riesgo a un fracaso, que se traduce en cientos de horas de trabajo perdidas, la Sloan School of Management del MIT ha editado una lista de nueve puntos clave a revisar antes de utilizar los modelos de simulación basados en Dinámica de Sistemas.

1. Desarrollar un modelo de simulación para resolver un problema particular.

Un modelo debe tener un propósito claro, y ese propósito debe ser resolver el problema que preocupa al cliente. Debe excluir todos los factores que no sean relevantes para el problema, para garantizar que el alcance y duración del proyecto sea factible y los resultados sean los deseados. El objetivo es mejorar el rendimiento del sistema según lo definido por el cliente. Centrarse en los resultados.

2. El modelo de simulación debe integrarse en un proyecto desde el principio.

La utilidad del proceso de crear un modelo de simulación comienza desde el principio del proyecto, en la misma fase de definición del problema que abordará el proyecto. El proceso de modelado ayuda a enfocar el diagnóstico, al identificar la estructura del sistema como causante del problema en lugar de culpar de los problemas a las personas que toman decisiones en esa estructura.

3. Sea escéptico sobre la utilidad del modelo de simulación, y fuerce la discusión "por qué lo necesitamos" al comienzo del proyecto.

Hay muchos problemas para los cuales la Dinámica de Sistemas no es útil. Los clientes, otros miembros de un equipo, y los propios creadores del modelo deben considerar si la Dinámica de Sistemas es la técnica más adecuada para el problema que preocupa al cliente. Se deben atender de buen grado las preguntas difíciles del cliente sobre cómo funciona el proceso, y cómo podría ayudarles el modelo con su problema. Cuanto antes se discutan estos temas, mejor.

4. La Dinámica de Sistemas no es una herramienta aislada. Use otras herramientas y métodos que según su criterio sean apropiados.

La mayoría de los proyectos de modelado son parte de un proyecto mayor, que involucra el análisis estratégico y operativo, evaluaciones comparativas, análisis estadístico, investigación de mercado, etc. Para que el trabajo de modelado sea efectivo debe usar una sólida base de datos, y una descripción correcta de los problemas analizados. El modelado funciona mejor como complemento de otras herramientas, no como un sustituto.

5. Utilice personas expertos, no novatos.

Mientras que el software disponible para el modelado se puede manejar con facilidad sin mucha formación previa, el proceso de modelado no es sólo la programación de un ordenador. No se puede dibujar un diagrama causal de un problema y luego entregarlo a un programador para que lo traduzca a un modelo de simulación. El modelado requiere un enfoque disciplinado y una comprensión de los negocios, habilidades que se desarrollan a través del estudio y la experiencia.

6. El modelado funciona mejor como un proceso iterativo, de consulta permanente entre el cliente y el consultor.

El modelado es un proceso de descubrimiento. El objetivo es llegar a una nueva comprensión de cómo surge el problema y luego usar esa comprensión para diseñar políticas efectivas para mejorar el sistema. El modelado no debe utilizarse como una herramienta para temas irrelevantes. No parta de una opinión previa del cliente (o suya) sobre cómo debe ser el modelo. Use talleres donde el cliente pueda probar el modelo él mismo en tiempo real.

7. Evite que el modelo sea una caja negra.

Los modelos construidos sin participación del cliente, nunca conseguirán cambiar los modelos mentales profundamente arraigados, y por lo tanto no cambiarán el comportamiento del cliente. Involucre a los clientes lo más temprano y lo más profundamente posible. Muéstrele el modelo. Anímelo a hacer sugerencias y ejecutar sus propias pruebas y políticas, y sea crítico con la estructura del modelo. Trabaje con ellos para resolver sus dudas a su entera satisfacción.

8. La "validación" es un proceso continuo de prueba y creación de confianza en el modelo.

Los modelos no se "validan" después de que se completan, ni por ninguna prueba estadística, como su capacidad para ajustarse los resultados a los datos históricos. Los clientes generan confianza en la utilidad de un modelo gradualmente, al confrontar continuamente el modelo con los datos y con las opiniones de los expertos de los clientes. A través de este proceso, tanto el modelo como las opiniones de expertos cambiarán y mejorarán.

9. Consiga un modelo preliminar lo antes posible. Agregue detalles solo cuando sea necesario.

Desarrolle un modelo de simulación operativo tan pronto como sea posible. No intente desarrollar un diagrama causal completo y detallado antes de empezar a hacer el modelo de simulación. Los modelos conceptuales son solo hipótesis, y deben ser probados en un modelo de simulación. La simulación a menudo descubre nuevos aspectos del diagrama causal y así conducen a una mejor comprensión del problema. Los resultados de los experimentos de simulación mejoran la comprensión conceptual y además ayudan a generar confianza en los resultados. Los primeros resultados proporcionan un valor inmediato al cliente, lo que justifica la inversión continua de su tiempo.

11. FAQs Preguntas frecuentes

¿Cómo funciona una función de retraso temporal?

Veamos el funcionamiento de una función de retraso temporal como es Smooth. Hagamos el modelo siguiente:

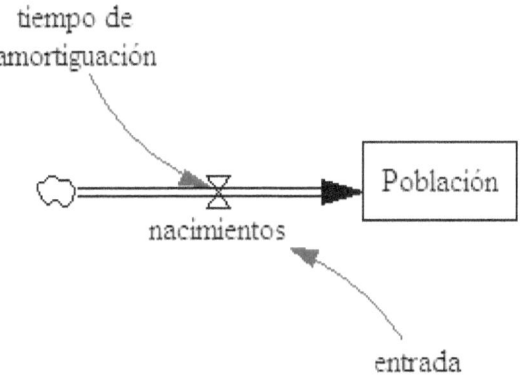

Población = nacimientos
        Initial value=0
nacimientos =   SMOOTH(entrada, tiempo de amortiguación)
entrada=STEP(100,10)
tiempo de amortiguación=25

La variable "entrada" tiene el valor 0 hasta el periodo 10, en ese periodo pasa a valer 100 y mantiene ese valor indefinidamente. La variable "nacimientos" toma el mismo valor que "entrada" con un retraso temporal de valor 25. Podemos ver el resultado del modelo en la siguiente tabla (imagen izquierda). En una hoja de cálculo (imagen derecha) podemos calcular estos mismos valores y ver la fórmula que los reproduce.

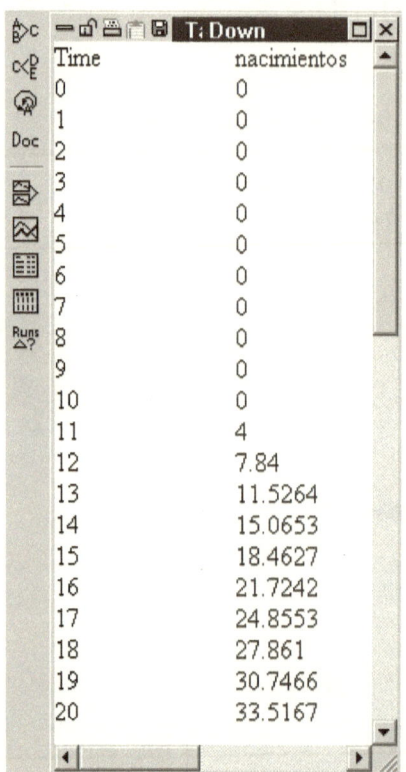

Time	nacimientos
0	0
1	0
2	0
3	0
4	0
5	0
6	0
7	0
8	0
9	0
10	0
11	4
12	7.84
13	11.5264
14	15.0653
15	18.4627
16	21.7242
17	24.8553
18	27.861
19	30.7466
20	33.5167

C18 = +C17+(B17-C17)/25

	A	B	C
1			
2			
3	Time	entrada	calculo
4	0	0	0
5	1	0	0
6	2	0	0
7	3	0	0
8	4	0	0
9	5	0	0
10	6	0	0
11	7	0	0
12	8	0	0
13	9	0	0
14	10	100	0
15	11	100	4,0000
16	12	100	7,8400
17	13	100	11,5264
18	14	100	15,0653
19	15	100	18,4627
20	16	100	21,7242
21	17	100	24,8553
22	18	100	27,8610
23	19	100	30,7466
24	20	100	33,5167

¿Cuál es la diferencia entre un proceso de Adicción y otro de Paso de la Carga"

Esta pregunta es interesante por el matiz que implica. En ambas situaciones el sistema logra igualar el Estado Real con el Estado Deseado con ayuda externa.

Hablamos de Adicción cuando interviene un objeto - cosa- y hablamos de Paso de la carga cuando interviene otro sistema - con sus propios objetivos -.

Las consecuencias de este matiz son importantes porque el objeto de una adicción nunca se planteará dejarnos, por lo tanto no hemos de esperar ningún cambio si nosotros no lo deseamos. Por el contrario el sistema que soporta nuestra carga hoy, puede mañana decidir que ya no quiere seguir apoyándonos y provocarnos una crisis.

Por ejemplo podemos ser adictos al tabaco, y en este caso si logramos reducir nuestro estrés con esta práctica podemos tener la seguridad de que siempre vamos a poder hacerlo a no ser que seamos nosotros mismos los que nos planteemos dejar esa adicción. Por el contrario si hemos "pasado la carga" de nuestros bajos ingresos a nuestro padre, es posible que un inesperado día el sujeto de esta carga decida que ya ha sido bastante paciente con nosotros y nos deje súbitamente de ayudar.

¿Son estos modelos de previsión?

Se entiende por modelos de previsión aquellos en los cuales dadas unas condiciones iniciales, nos interesa conocer el estado del sistema al cabo de un tiempo, con la particularidad de que nosotros no podemos intervenir de forma apreciable. Los más conocidos son los modelos de previsión en meteorología. Para trabajar con estos modelos se necesitan mucha cantidad de datos de la situación de partida. No se suele utilizar la Dinámica de Sistemas para hacer predicciones ya que 1.- nosotros sí que podemos y queremos manipular el sistema, y 2.- en general no tenemos muchos datos de la situación de partida.

Lo que vamos a hacer con los datos disponibles es ver cuál es el estado del sistema, y estudiar diferentes alternativas que lo mejoren en base a lo que nosotros deseamos lograr. Es cierto que estamos previendo las consecuencias de nuestras acciones sobre el modelo, pero lo hacemos para seleccionar la acción más eficiente, ya que no dejamos al sistema evolucionar libremente.

Podemos utilizar el modelo para prever lo que pasaría si nosotros no hiciésemos nada, pero en general esta previsión no será muy precisa por falta de datos previos. Esta falta de precisión no nos impide poder comparar diferentes alternativas de actuación sobre el sistema, y hacer una clasificación de mejor a peor de los resultados.

¿Cuándo existe un retraso de primer orden y cuando es de tercer orden?

Consideramos que una variable que tiene un retraso de primer orden cuando reacciona con rapidez a un impulso. Por ejemplo existe un cierto retraso entre que yo le doy al interruptor y que se hace la luz en mi habitación. Es muy rápido pero el retraso existe, ahora bien lo importante es que la bombilla da el 90% de su luz potencial en breves instantes, y el 10% restante al cabo de unos pocos segundos. Eso es un retraso de primer orden.

Un retraso de tercer orden en cambio se produce cuando la respuesta a un impulso se demora apreciablemente en el tiempo, y al principio la respuesta es lenta. Por ejemplo si hoy sube el precio de un producto los clientes siguen consumiendo la misma cantidad hasta que encuentra un producto sustituto.

Los retrasos influyen de forma decisiva en el comportamiento de muchos sistemas. Por ejemplo veamos los acondicionadores de aire. Si ahora hay 40° en la habitación y lo ponemos en marcha con el termostato en 15°, al principio el acondicionador funciona a pleno rendimiento y en los primeros cinco minutos baja 10°, en los siguientes cinco minutos baja 7°, en los otros cinco minutos baja 5°, y después ya tarda en bajar los otros 3° que le quedan media hora porque trabaja a bajo rendimiento. Eso es un sistema con un retraso de primer orden. Al principio ajusta con rapidez su estado al deseado, porque lo hace en base a la diferencia que existe entre ambos.

El mismo sistema con un retraso de orden infinito, con un tiempo de ajuste de 10 minutos. se mantendría en 40° durante 10 minutos y después bajaría a 15° de golpe. Cuando más bajo sea el orden del retraso con más rapidez empezará a responder, y cuanto mayor sea el orden del retraso más va a tardar en responder.

Para tener una imagen visual podemos imaginar que el retraso es un conjunto de Niveles que separan la entrada o input de la salida o output. Los impulsos van pasando de un Nivel al siguiente Nivel en cada periodo. Si el retraso es de orden 1 solo hay un Nivel entre la entrada y la salida, si el retraso es de orden 3 hay 3 Niveles entre la entrada y la salida, y así sucesivamente.

¿Cuál es el periodo de duplicación de una variable?

Supongamos que estamos haciendo un modelo de la evolución del saldo de una cuenta corriente con un tipo de interés fijo. Es decir existe un nivel que es el saldo en la cuenta, un flujo que son los intereses y una variable auxiliar constante que es el tipo de interés fijo. El flujo se calcula como el saldo por el tipo de interés. Queremos saber cuántos años son necesarios para duplicar el saldo.

Sabemos que el periodo de duplicación del saldo es igual a 0,7 / i siendo i el tipo de interés. ¿Cómo se demuestra?

Tenemos que $(1+i)^t = 2$ es decir una unidad más los intereses durante t años ha de ser igual a 2, siendo t el periodo de duplicación, o sea t es la cantidad de años que hace que el capital de 1 se transforme en 2.

y también que

$\ln(1+i)^t = \ln 2$ aplicando logaritmos,

y por lo tanto

$t \ln(1+i) = \ln 2$

despejamos la t que sería el tiempo de duplicación:

$t = \ln 2 / \ln(1+i)$

y tenemos que $\ln 2 = 0{,}699$ y que $\ln(1+i)$ es siempre muy aproximadamente igual a i

de ahí tenemos que aproximadamente $t = 0{,}7 / i$

¿Cuál es la diferencia entre los factores limitativos y los factores clave?

Los factores clave (key factors or leverage points) son elementos del sistema a los que este es muy sensible. Siempre son los mismos. Cualquier persona es muy sensible a que alguien me meta un dedo en el ojo, y reaccionará con violencia. Pero en realidad tiene dos ojos, y aunque pierda uno no pasa nada especialmente grave.

Cada sistema tiene sus propios factores clave y descubrirlos nos requerirá un cierto tiempo y esfuerzo. Es importante conocerlos si deseamos manipular el estado del sistema, evitando alterar aquellos que provocarán una reacción negativa del sistema, y en cambio trataremos de aprovechar aquellos que van a provocar una reacción favorable. Es importante recordar que en general se hallan ocultos y que son siempre los mismos.

Los factores limitativos en cambio suelen ser muy visibles y son cambiantes en el tiempo. Son aquellos elementos que van a condicionar el estado de un sistema ahora mismo o en un futuro inmediato, pero mañana pueden ser otros diferentes. Así ahora tengo hambre, y por eso no trabajo y me voy a comer. Una vez he comido el factor limitativo es que no tengo papel, y voy a por papel. Cuando tengo papel no tengo ideas. Es decir los factores limitativos son cambiantes a lo largo del tiempo.

¿Qué intervalo de tiempo de cálculo debo de tomar?

Es frecuente que en una simulación deseemos mostrar los resultados de la simulación en una escala temporal, o periodo, mientras que los cálculos deseamos realizarnos con una unidad de tiempo menor.

Por ejemplo en un variable queremos simular la evolución temporal del salario de un trabajador a lo largo de su vida, de forma que comienza a los 18 años y finaliza a los 65 años. La unidad temporal con la queremos ver los resultados es el año como es lógico. Ahora bien, queremos que el modelo utilice datos mensuales, ya que el trabajador cobra su paga mensualmente. En este caso utilizaremos la opción Time Step para definir como periodo de cálculo 1/12 es decir 0.083333

Ahora bien, el software trabaja en código binario y no puede manejar con precisión un número periódico, por lo tanto hemos de ser conscientes de que existe este error, que en general será pequeño, y seguramente será de un orden de magnitud mucho menor que el que introducimos en algunas de las constantes que vamos a utilizar en el modelo.

Así por ejemplo si en el ejemplo anterior definimos Time Step como 0,83 al cabo de un año tendremos 0,083x12=0,996 lo que implica un error anual de 0,4% y al cabo de 10 años el error por esta causa ya será del 4%.

Por todo ello, siempre que sea posible, deberemos de utilizar potencias de 2, así tenemos como opciones para Time Step: 1, 0.5, 0,25, 0,125, 0,0625 ... Como es lógico hay que utilizar en todo el modelo unidades coherentes con las definición que hagamos del Time Step, de forma que si corresponde a 1 mes, las variables han de tomar este periodo como referencia (salario mensual, impuestos mensuales, gastos mensuales,...) en vez del periodo de tiempo que veremos aparecer en las gráficas (años).

¿Qué horizonte temporal debo definir?

Este es un aspecto esencial que requiere especial atención en cada modelo. Debemos de ser generosos en la definición del límite temporal de la simulación. No existen restricciones desde el punto de vista del hardware ni desde el punto de vista del software, y el software actual ejecuta las simulaciones en pocos segundos.

Debemos de evitar ceñirnos al horizonte temporal que nos marca el usuario o el cliente porque en ocasiones ciertos fenómenos se van a manifestar en el modelo poco después del horizonte temporal escogido, pero en la realidad pueden mostrarse un poco antes – es decir, dentro – del horizonte que nos interesa.

Un horizonte temporal amplio nos permite tener la seguridad de que ciertos fenómenos son realmente lo que parecen ser, de forma que un sistema con oscilaciones estables no comienzan a ser crecientes – y por lo tanto inestables – a partir de un determinado periodo.

¿Qué uso práctico tiene introducir "ruido" en el modelo?

En la realidad es casi imposible observar en los procesos naturales, empresariales o sociales un solo parámetro que evolucione de forma lineal durante un largo periodo de tiempo. En general lo que observamos es que sigue una determinada evolución salpicada de puntas y valles más o menos intensos.

La causa de estas puntas y valles medidos sobre la trayectoria media de la variable son debidos a factores estacionales que actúan de forma ocasionales, de factores externos que han modificado en un momento determinado el estado del sistema y porque no debido a los inevitables errores en la medida del estado del sistema.

Si construimos el modelo con el propósito de comprender la dinámica natural del sistema estudiado, o de percibir mejor la estructura que define su comportamiento, no deben de preocuparnos estos factores que modifican de forma coyuntural y en una escasa magnitud el estado del sistema. Lo importante es definir si las pequeñas variaciones que observamos en la realidad tienen algún interés especial o no. Si no van a aportar ningún aspecto de interés al modelo podemos omitirlas, en caso contrario requerirán un análisis detallado.

En el software disponemos de la función NOISE y es conveniente tener alguna idea de sus posibles usos. Si disponemos de una serie histórica y un modelo que reproduce la media de los valores de dicha serie histórica, añadir la función NOISE para disponer de un comportamiento más parecido al real nos obliga a definir una cierta magnitud para el parámetro estadístico que nos define la dispersión de los valores (por ejemplo la desviación tipo). La magnitud de este parámetro estadístico es una forma de cuantificar los aspectos aleatorios y puntuales del sistema que nos son desconocidos. El ruido en un sistema también nos habla de su capacidad para estabilizarse ante pequeñas perturbaciones. Si el sistema se halla dominado por un bucle positivo entrará en una fase de inestabilidad tan pronto como sea alterado por una pequeña fluctuación procedente de una función NOISE, por el contrario si la estructura del sistema dispone de bucles negativos será capaz de compensar rápidamente estas fluctuaciones.

12. Lista de control

Se pueden evitar muchos errores en el proceso de creación de un modelo si se tiene en cuenta esta lista de verificación y control. Así se logra crear modelos de simulación basados en Dinámica de Sistemas más sólidos y transparentes, y mejorar la fiabilidad y utilidad de sus simulaciones.

1. Diagramas de causales

☐ Garantizar la causalidad, no la correlación: Verificar que las relaciones representen una causa y un efecto verdaderos, no solo eventos que ocurren simultáneamente.

☐ Simplificar el modelo: Evitar agregar variables innecesarias o bucles que oculten la dinámica central.

☐ Utilizar nombres de variables claros y coherentes: Asegurarse de que la terminología esté bien definida y se utilice de manera coherente en todo el modelo.

☐ Cerrar bien los bucles: Conectar las variables para reflejar la causalidad cuando existe un bucle

☐ Etiquete las polaridades correctamente: Asignar la polaridad correcta (+ o -) a los bucles y las relaciones causales.

☐ Incluya retrasos de tiempo cuando sea necesario: No olvide modelar los retrasos de tiempo en los bucles para reflejar la dinámica del mundo real.

2. Diagramas de niveles y flujos

☐ Diferencie los niveles de los flujos: Identifique claramente los niveles (acumulaciones) y los flujos (tasas de cambio) para evitar confusiones.

☐ Verifique la dirección del flujo: Asegúrese de que los flujos representen correctamente el movimiento de material o información entre niveles.

☐ Mantenga la coherencia de las unidades: Asegúrese de que las unidades sean coherentes, especialmente entre niveles y flujos.

☐ Conecte todos los flujos a las niveles: Evite dejar entradas o salidas sin conectar con sus niveles.

☐ Defina las condiciones límite: Establezca los límites del sistema y defina los factores externos que influyen en las variables.

☐ No omita niveles en los bucles: Cada bucle deben tener al menos un nivel para poder simular el modelo.

3. Ecuaciones

☐ Defina todas las variables con claridad: Asegúrese de que cada variable esté definida dentro del contexto del modelo y tenga el nombre apropiado.

☐ Verifique la coherencia dimensional: Verifique que todas las ecuaciones tengan cuadradas las unidades.

☐ Distinga entre constantes y variables: Identifique qué permanece constante y qué varía en la simulación.

☐ Evite simplificar demasiado las ecuaciones: Asegúrese de que las ecuaciones capturen la esencia de la realidad sin ser demasiado simplistas.

☐ Incluya demoras y no linealidades: No omita demoras críticas o relaciones no lineales que afecten el comportamiento del sistema.

☐ Defina las condiciones iniciales de manera adecuada: Establezca condiciones iniciales realistas.

4. Simulación

☐ Seleccione un intervalo de tiempo apropiado: Asegúrese de que no sea demasiado grande (que omite comportamientos clave) o demasiado pequeño. (que ralentiza la simulación).

☐ Haga pruebas de sensibilidad: Realice análisis de sensibilidad para ver cómo los cambios en los parámetros afectan los resultados del modelo.

☐ Documentar las hipótesis con claridad: Ser claro en las hipótesis tomadas, los parámetros, las relaciones y los retrasos.

☐ Validar y verificar el modelo: Comparar los resultados del modelo con los datos reales y verificar la lógica interna.

☐ Probar condiciones extremas: Simular el modelo en escenarios extremos para comprobar que aún así se comporta de manera realista.

☐ Calibrar los parámetros correctamente: Asegurarse de que los parámetros estén calibrados en función de datos precisos o estimaciones razonables.

5. Resultados

☐ Evitar confiar demasiado en la precisión: Reconocer que los resultados son aproximaciones, no predicciones exactas.

☐ Entender los bucles: Interpretar el papel de los bucles en el comportamiento del sistema a largo plazo.

☐ Considerar los horizontes temporales: Ser consciente de las tendencias a largo plazo en lugar de centrarse únicamente en los resultados a corto plazo.

☐ Observar el sistema de manera holística: Evitar interpretar las variables individuales de forma aislada; considerar su contexto más amplio.

☐ Reconocer los límites del crecimiento: Ser consciente de los límites inherentes y el potencial de colapso dentro del sistema.

☐ Incluya factores cualitativos: No ignore variables blandas como la confianza o la motivación, incluso si son difíciles de cuantificar.

6. Comunicación

☐ Evite la jerga técnica: Utilice un lenguaje accesible que los no expertos puedan entender.

☐ Presente visualizaciones claras: Utilice gráficos o diagramas bien etiquetados, simples e intuitivos para mostrar los resultados.

☐ Explique las implicaciones de las políticas: Vincule claramente los resultados del modelo con recomendaciones o decisiones de políticas del mundo real.

☐ Comprenda a su audiencia: Adapte su presentación a las necesidades, los intereses y el nivel de comprensión de la audiencia.

☐ Evite exagerar la importancia del modelo: Sea transparente sobre las limitaciones del modelo y evite presentar los resultados como predicciones definitivas.

7. Documentación

☐ Mantenga la transparencia: Proporcione documentación clara y completa para permitir que otros comprendan y repliquen el modelo.

☐ Realice un seguimiento de las versiones del modelo: Registre los cambios y garantice que las actualizaciones se registren correctamente.

☐ Establecer claramente las hipótesis: Documente todas las hipótesis clave y proporcione referencias para las fuentes de datos utilizadas.

Epílogo

Nadie está libre de cometer un error, pero aprender de la propia experiencia es doloroso. Este libro pretende servir de orientación para evitar los errores más frecuentes.

No se han comentado errores en las ecuaciones de los modelos porque la casuística sería infinita, desde errores en la entrada de datos, donde una coma se mueve una posición, o un 5 se entra como un 6, a las simples sumas de dos factores que se entran como multiplicaciones, a las ecuaciones más complejas, ofrecen ocasión para el error, pero la ventaja es que la persona que hace el modelo revisa muchas veces las ecuaciones en busca de un error que justifique la diferencia entre el resultado obtenido en el modelo y el resultado esperado.

Espero que el lector avezado esté de acuerdo conmigo que son errores todos los que están, aunque sin duda no están todos los que son. Por este motivo el libro queda abierto a las aportaciones que vaya recibiendo en el futuro.

Mis errores frecuentes

La experiencia es un cruel profesor, ya que primero te examina y luego te enseña. A pesar de eso, la propia experiencia es fuente de aprendizaje, y como la memoria puede ser débil, en las siguientes páginas el lector tiene ocasión para tomar buena nota de aquellos aspectos donde ha cometido algunos errores y las solución que halló, para así en el futuro acudir a estas notas como fuente de inspiración.

notas 1

- Usar coma en vez de punto

- Dividir por 0, por ejemplo por <Time>

- Borrar una variable y volverla a crear con el mismo nombre

- Escribir TIME STEP =FINAL TIME

- Poner en Model - Settings las "Units for time" = Mes y luego en todos los Flujos usar "Días"

- Repetir el nombre del Nivel en la ecuación: Nivel de Agua = INTEG(Nivel de Agua

- Escribir "=" al inicio de la ecuación

<u>notas 2</u>

<u>notas 4</u>

<u>notas 5</u>

<u>notas 6</u>

Libros recomendados

http://dinamica-de-sistemas.com/elibros.htm